众智网络
建模与互联

崔立真　鹿旭东　刘　磊　李庆忠　著

科学出版社

北京

内 容 简 介

众智网络化应用已经深入人们生活的方方面面,但是目前仍缺乏有效且合理的众智网络基础理论体系,无法解释互联网时代的各类众智现象背后的内在机理或规律。本书以众智网络为主要研究对象,研究众智网络的抽象建模,归纳智能体建模、心智计算、各类复杂系统建模等与众智网络相关的建模技术,重点阐述众智网络中智能数体的建模技术和众智网络互联的建模技术,并结合众智网络的具体应用进行说明。

本书适合在众智科学、群体智能、社会计算、网络科学、复杂系统等领域从事教学科研的师生及相关的专业人员阅读,也可供社会学、管理学等领域的相关人员参考。

图书在版编目(CIP)数据

众智网络建模与互联 / 崔立真等著. —北京:科学出版社,2023.2
ISBN 978-7-03-068810-1

Ⅰ. ①众… Ⅱ. ①崔… Ⅲ. ①计算机网络-研究 Ⅳ. ①TP393

中国版本图书馆 CIP 数据核字(2021)第 095751 号

责任编辑:李 嘉 / 责任校对:贾娜娜
责任印制:张 伟 / 封面设计:有道设计

科 学 出 版 社 出版

北京东黄城根北街 16 号
邮政编码:100717
http://www.sciencep.com

北京盛通数码印刷有限公司印刷
科学出版社发行 各地新华书店经销

*

2023 年 2 月第 一 版 开本:720×1000 1/16
2023 年 9 月第二次印刷 印张:13
字数:259 000

定价:118.00 元
(如有印装质量问题,我社负责调换)

前　言

众智现象普遍存在于人类社会中。"三个臭皮匠，顶个诸葛亮""众人拾柴火焰高"，这些都是众智在人类社会的原生态表现，企业管理、产业链协同运作、社会公共问题的全面讨论及各类在线知识贡献活动等现代服务业的突出问题，都可通过集合众多个体智慧来探索，以达到更好的效果。古往今来，分工合作一直是群体中众智的重要表现形式，在社会生产中，细化的社会分工提升了效率，广泛的深度合作提高了生产力，社会随着协作方式的不断变革而迅速发展。尤其是20世纪90年代以来，互联网、物联网、大数据与云计算等技术的不断发展，促使协作的范围发生革命性变化，打破了协作过程中原有的时空壁垒，突破了协作过程中的时间局限性和空间局限性，使协作方彼此的了解更加深入、准确。同时，大数据、云计算、机器学习等技术的不断发展，提升了协作参与者的智能水平，现代经济社会中的协作由传统的人与人协作变成人、机构、企业、智能物品等多主体参与的大规模深度协作，其协作的规模更大、范围更广，协作参与者间的交互更加深入、紧密，使智能现象更加多样与复杂。

面对各类复杂的智能协作，单一学科已经难以进行刻画和描述，需要融合系统科学、信息科学、网络科学、计算机科学、心理学、管理学、经济学、系统学、社会学等多学科知识，构建适用于现代服务业的稳定、有序、高效发展的基础理论，因此众智科学应运而生，其以系统科学、信息科学、网络科学、计算机科学、人工智能等为基础，研究各应用领域内的共性问题，即最大限度地释放和有效利用在线互联的众多智能主体的智能，实现经济社会系统的高效运作，避免突发性灾难，全面提升经济社会系统的运行效能。该新兴交叉学科研究如何度量单个智能主体的个体智能及由众多相互作用与影响的智能主体构成的众智网络系统的众智水平；如何建立众智网络系统模型；分析影响各类智能释放和利用的主要因素；采取何种方法设计、分析与优化众智网络系统等关键问题，力图为未来网络化众智型经济社会和现代服务业的稳定、有序、高效发展提供理论指导。

本书主要围绕众智科学的关键问题——众智网络建模与互联展开研究，以结构、行为、心理倾向和多态性为众智网络的基本单位——智能数体建立心智模型，进一步提出适用于众智网络的新型互联结构，以支持智能数体的高效与精准互联，最终形成众智网络。尽管科研人员在此研究领域进行了多年的探索，付出了很多努力，但目前众智网络建模与互联理论仍旧处于基础研究阶段，其理论发展和实际应用之间仍有一定的差距，这也为本领域的研究人员留下了广阔的探索空间。为了能够清晰地描述众智网络的建模方法和理论，本书梳理了相关智能体系统的建模技术，希望能够帮助读者构建系统建模的相关知识体系，从而为后续理解众智网络建模与互联理论奠定基础。本书的内容围绕智能体系统的相关建模技术、众智网络建模技术和众智网络应用进行研究和梳理，重点研究三个问题：智能数体的建模与映射问题、众智网络互联建模问题，以及众智网络建模与互联技术如何实现领域应用。

　　　本书的内容基于我们多年的研究成果，在研究过程中先后得到了国家重点研发计划"众智科学基础理论与方法研究"（2017YFB1400100）、"众智网络建模与互联"（2017YFB1400102）、国家自然科学基金重大研究计划重点项目"面向全人群全生命历程健康管理决策的多源异构时空大数据融合方法研究"（91846205）、国家自然科学基金"面向复杂大数据应用的数据动态协同分布与均衡控制关键技术研究"（61572295）等项目和课题的支持。在这些项目和课题的支持下，我们在众智网络建模与互联研究领域进行了探索和研究，取得了一些初步的成果，希望通过本书与广大科研人员和读者交流与共享，从而推动众智网络建模与互联理论的深入探索，为众智科学的其他研究奠定理论基础，共同推动现代服务业的发展。

　　　需要强调的是，本书凝聚了众智科学领域很多研究者的工作成果，在此感谢他们对众智网络建模与互联研究做出的显著贡献。特别感谢清华大学柴跃廷教授给予的全面指导，这对于研究成果和全书的形成至关重要。感谢山东师范大学张景焕教授对本书第 4 章中心理倾向分析部分章节的撰写和修订，并对成书提出了许多宝贵建议；感谢山东大学-南洋理工大学人工智能国际联合研究院林军教授、山东科技大学蒲海涛副教授、山东大学黄伟明博士对本书第 6 章众智网络在不同领域应用场景撰写所付出的辛勤努力，也为本书修订和校对工作提供了许多帮助。感谢山东大学软件与数据工程研究中心的博士研究生王世鹏，全程参与了本书的撰写、修订、校对和作图工作，为本书的最终出版付出了非常多的时间和精力；感谢山东大学软件与数据工程研究中心的研究生蔡丰龙、张然、丁桐、郑栋宇、陈静、宗晓宁等，为本书第 5 章众智网络互联建模章节的撰写以及全书的校对付出了许多努力；感谢山东师范大学心理学院的研究生郑文峰、王珊，为本书第 4 章中传统心理学心理倾向研究所做的大量调研和整理工作，祝愿各位同学学业有成。在撰写本书的过程中，我们参考了大量国内外相关文献，在此对各位专家、学者表示感谢。

　　由于作者水平有限，书中难免存在不足之处，可能存在片面性表达，恳请读者不吝赐教。

崔立真　鹿旭东　刘　磊　李庆忠

山东大学软件学院

山东大学–南洋理工大学人工智能国际联合研究院

山东大学软件与数据工程研究中心

电子商务交易技术国家工程实验室

2021 年 4 月

目 录

第1章　众智网络引论

1.1　众　智　现　象

纵观人类社会发展史，人与机器的体能、技能和智能的进化、释放和利用是创造社会财富、推动社会进步的主要动力源泉，只是不同的历史阶段，体能、技能和智能的进化、释放和利用的程度和方式不同而已。

农业文明时代，人类和畜力的体能进化、释放和利用是创造社会财富、推动社会进步的主要动力源泉。社会生产生活追求的主要目标是提升效益，长期的生产实践使人类逐步认识了天文、历法、物候等基本规律，孕育了科学技术的萌芽。工业文明时代，人和机器的技能进化、释放和利用是创造社会财富、推动社会进步的主要动力源泉。社会生产生活追求的主要目标是提升效率，催生了基础科学体系，并逐步形成和发展了各类工程科学技术体系。人类进入信息网络文明时代，互联网、物联网等不断扩大各类智能体之间的互联规模，云计算等技术不断提高各类智能体之间的交互作用能力，大数据、人工智能（artificial intelligence，AI）不断提升人、企业、机构、智能物品等各类智能体的智能水平。人与机器的智能进化、释放和利用成为创造社会财富、推动社会进步的主要动力源泉。社会生产生活追求的主要目标是提升效能，并正在催生智能科学技术体系。

互联网在促进大众获取信息、拓展人际交往、鼓励社会参与、提供实际生活便利等方面发挥的积极作用越来越突出，可以说网络无处不在。互联网大规模发展，并与移动网和传感网等进一步互联互通，大数据时代已经来临，大数据正逐渐对各个领域产生重要影响。互联网和社会网络正在进一步结合，注重大众用户的参与及用户之间的交互作用，通过网络应用促进网络上人与人之间的广泛深度交互与协作，并在大众的持续交互中涌现出一种群体智能（swarm intelligence，SI）。而 SI 是什么、有什么特征、如何产生及可对人类社会产生怎样的影响等，是人们在进入信息社会，了解 SI 时关心的基本问题。如何有效研究 SI，加深对它的认识和理解，为更好地利用互联网和 SI 提供借鉴，是摆在人类面前亟须解决的问题。2011 年 2 月，美国哈佛大学公布了当前及未来需要重点解决的十大社会科学问题，"人类如何增加自身 SI"、"我们如何才能集合每个人拥有的信息来做出最佳决定"和"怎样理解人类创造和表达知识的能力"这三个问题位列其中[1]。

众智现象普遍存在于人类社会。"三个臭皮匠，顶个诸葛亮""众人拾柴火焰高"，这些都是众智在人类社会的原生态表现，具体到经济领域中的企业经营管理过程、产业链协同运作等，社会领域中的各类研讨会、各类社会组织及其集体行为过程等，政府治理领域中的全民选举、社会公共问题全民讨论等，均是通过集众多个体智慧，期望取得更好或最好的效果，如何集"众"的智慧，使社会合理运作、不发生突发性灾难一直是人类追求的目标。但是，同时也有"三个和尚没水喝"的经验教训，如何在经济运行、社会生活、政府治理等领域中避免这些众智现象的负面影响也一直是人类社会不断探索解决的复杂问题。

网络时代的众智现象更加普遍。在现代社会中，传统的外包活动通过网络转型升级为众包、众创、众筹模式，由局部范围内几个、几十个人群之间的经济、设计、金融活动或行为演化为时空无限的几十万、几百万、几千万人群之间的经济、设计、金融活动或行为，如何组织、管理、规范众包、众创、众筹过程，使其更经济、更有效率，也缺乏理论依据和完备的理论支撑。传统的《百科全书》的编撰工作转型升级为维基百科，由专业化的数十人、数百人的编撰活动演化为全社会的编撰活动，其面临的问题与上述类似。未来的头脑风暴会、研讨会等必将是网络化、人数众多、无时空限制的；未来的社会公共事务讨论也必将是网络化、全程在线、全民参与的；未来的政府治理同样必将是网络化、全程在线、全社会共同参与的，这都需要创新理论的指导。上述现象都是社会不断发展而催生的众协作现象，都是众智的体现。

1.2　万物互联催生众智网络

众智现象早已普遍存在于自然界和人类社会中，"三个臭皮匠，顶个诸葛亮"、"众人拾柴火焰高"、现代社会中的选举和研讨会等都属于"众"的智慧，古往今来，分工合作一直是群体中众智的重要表现形式，在社会生产中，细化的社会分工提升了效率，广泛的深度合作提高了生产力，社会随着协作方式的不断变革而迅速发展。然而，传统的协作都具有局限性，一是空间局限性，在20世纪以前，由于交通和通信等方式落后，信息传播和扩散缓慢导致信息沟通不畅，协作方之间对于彼此的供给和需求信息了解有限，难以形成大规模、跨地域的有效协作，因此传统的协作或者合作仅局限于同一地域；二是传统的协作存在时间局限性，由于通信方式落后，往往难以在保证信息时效性的前提下，满足有效的需求，协作方之间的供需信息在时间上不对等，无法形成高效的协作或者合作。

随着信息技术的不断发展，互联网等新一代信息技术促使协作的范围发生革命性变化，打破了协作过程中原有的时空壁垒，突破了协作过程中的时间局限性和空间局限性，使协作方之间对于彼此的了解更加深入、准确。同时，大数据、云计算、机器学习等技术的不断发展，也提升了协作参与者的智能水平，并且使现代经济社会中的协作由传统的人与人协作变成人、机构、企业、智能物品等多主体参与的大规模深度协作，其协作的规模更大、范围更广，协作参与者间的交互更加深入紧密。

万物互联背景下的互联网产生了大量新的应用模式，极大地改变了互联网的秩序形态和大众在网络上的行为方式，促进了大众基于网络交互的信息传播、知识共享和智能提升，网络结构及信息资源分布在大众交互下不断演化。互联网激发了大众的信息服务需求，形成了无处不在的在线搜索、实时交互、即时通信和协作，催生了一系列新的网络文化和行为，典型的应用有维基百科、博客、微博、社交和电子商务等。

用户行为对互联网动力学特性的影响也越来越大，互联网演进的主要驱动力是用户行为，用户不断变化的需求行为促使互联网演进变化，出现了很多不同的网络应用。用户行为对网络服务的影响也越来越显著，造成网络服务质量的差异化，网络服务呈现出不同的智能化水平，且智能化水平不断提高；同时，互联网演进也在影响着用户行为的变化。正是在这种万物互联的作用下，随着用户行为对互联网的影响，众智网络便应运而生。

在网络化众智协作中，协作参与方借助中心化平台实现商家对商家（business to business，B2B）、商家对消费者（business to consumer，B2C）、消费者对商家（consumer to business，C2B）、消费者对消费者（consumer to consumer，C2C）、线上对线下（online to offline，O2O）的交易，扩展了交易范围，并且人类智能和机器智能广泛参与其中，实现了深度与广度协作。当前，虽然还没有建立完备的众智理论体系，然而以众智现象为本质的应用已经延伸到人们生活的方方面面，与人们的生活密切相关，如淘宝、京东、亚马逊等电子商务平台，百度百科、知乎、维基百科等知识共享平台，微信、钉钉等办公协作交流平台，以及阿里众包、任务中国等一些众包平台都已经融入人们的日常生活中。当前，网络化众智型经济社会形态的典型实例相当广泛，如在经济领域，传统的集贸市场通过网络转型升级为电子商务平台，由局部范围内的几百、几千、几万人之间的交易活动演化为时空无限的几十万、几百万、几千万人之间的交易活动。从形式上看，是交易规模和方式的变化，但是，从内涵来分析，交易过程的信息流、物流、资金流由传统的面对面交互、从市场携带货物回家、现场现金支付转变为现在的非接触网上交互、货物配送到家、网上支付，由此催生了新的技术，如网店开发、装修等技术，甚至是颠覆性技术，如刷脸支付技术等。并诞生了新的产业，如围绕电子商务平台的软件服务业、快递业、第三方支付产业等。这些新的产业正在重组、优化或替代相关的传统产业，同时也引发了一系列有悖于传统思想和理论的新的现象和问题，如免费现象、收益递增现象等。在城市建设方面，数字孪生（digital twin）、物联网等技术已经被广泛应用，通过数字孪生等技术建立智慧城市，将城市"复制"到信息空间，实现虚实结合的智慧决策，如阿里云的"城市大脑"等工程，通过数字化建模仿真构建城市的虚拟模型，驱动数字孪生城市的发展和优化，最终为城市市政规划、生态环境治理、交通管控等提供智慧服务，"城市大脑"通过实时处理人类不能理解的超大规模的全量多源数据，基于机器学习洞悉人类没有发现的复杂隐藏规律，能够制定超越人类局部次优决策的全局最优策略，助力智慧城市的建设。

随着网络互联深度、广度的不断扩展，越来越多的传统应用正逐渐朝着众智网络化演变，未来将延伸出与人们生活息息相关的众智网络应用，如医养健康众智网络、智慧政务众智网络、电子商务众智网络等。

医养健康众智网络如图 1-1 所示，在未来的众智化医养健康场景中，患者、医务人员等自然人，医院、社区门诊、药店及互联网医院、保险公司等企事业单位，医保管理机构、中华人民共和国国家卫生健康委员会（以下简称国家卫生健康委）等卫生健康管理服务机构，智能医疗器械、智能健康设备等智能物品均可借助网络技术实现深度互联和广度互联，上述自然人、企事业单位、机构、智能物品四类智能主体映射到医养健康众智网络中，成为智能数体，通过众协作完成供需匹配，实现居民医疗诊疗、医疗救治、居民健康管理、医保产品规划与定价等众智化的交易撮合，减少社会医养服务的资源消耗，提升医养健康系统的服务水平和智能水平。未来如果出现身体不适，

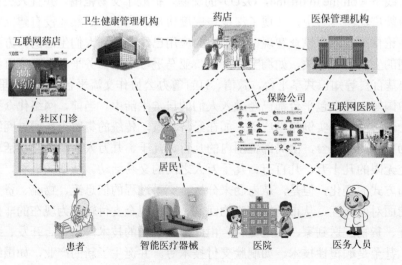

图 1-1　医养健康众智网络

居民数体可通过智能手环等智能监测设备将健康数据和历史就医数据发送到众智网络中，自动匹配合适的医生、医院或者诊所数体进行诊疗，并通过医院、保险公司数体自动结付医疗费用，同时，医疗保险公司数体也可针对居民的实时与历史健康数据合理调整医保策略。

2020 年初，新冠疫情暴发，在全民抗疫过程中，对数字化服务能力与精细化治理能力的需求十分紧迫，其中，数字化政务的需求尤为明显，如通过无接触政务推动人、物、空间的深度数字化，无接触政务绝不是"一网通办"或"不见面审批"的别称，无接触政务的目标是数字孪生政务，即实现数字空间与现实空间在权力、业务、流程、体验等要素的映射与衔接，智慧政务众智网络即可实现该目标。如图 1-2 所示，在智慧政务众智网络中，业务申请人、工作人员等自然人，办事企业，各级政府的政务办理机构，以及办事过程涉及的智能设备和各类经办材料等智能物品也通过网络技术实现深度互联和广度互联。将上述四类智能主体映射到智慧政务众智网络中，实现数字政府的建设和智慧政务服务，通过智能数体的协作，优化业务流程、降低运营成本、提升协同效率并建立可信服务体系，达到智慧政务的愿景。未来，政府机构在办理政务时，政府机构数体可以更加清楚地了解其他各类数体的行为数据、过程数据、结果数据，针对主体进行用户画像，基于标签进行精准的个性化服务，通过各类数体的数据资源共享，优化业务流程、降低运营成本、提升协同效率，让居民和企业少跑腿、少排队，提升用户满意度，提高政府机构工作人员的办事效率，实现业务分流、高效协作、办公简单透明，并且实现政府机构政务全公开、绩效全量化、监督无死角。

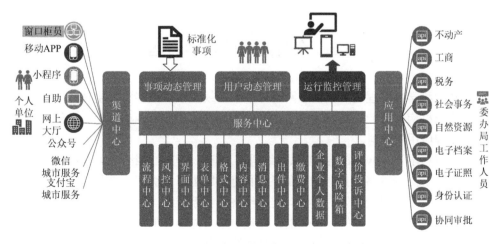

图 1-2 智慧政务众智网络

众智思想同样能够推动电子商务的发展和变革。在电子商务众智网络中，顾客、店主等自然人，电商卖家、物流公司等企业，国家市场监督管理总局等机构，智能物品等借助网络实现深度互联。在未来的电商场景中，不仅电商卖家具备供给能力，买家也具备一定的供给能力。买家产生需求后，电子商务众智网络中的各类原料供应企业数体、产品生产企业数体、物流公司企业数体将进行自动匹配并协作完成订单的生产、交付与售后服务等工作，极大地降低企业生产成本，提高资源利用率，做到有序管理和监督电商平台，降低全网功耗，使整个电子商务众智网络有序、稳定地运行，避免出现哄抬物价、囤积商品或者虚假信息传播而引起的抢货事件。

除了上述应用实例，未来的社会公共事务讨论、政府治理等经济政治和社会生活都必将是网络化、全程在线、全社会共同参与的。传统的企业管理理论与方法、政府治理理论与方式等不再适用，新的理论尚未诞生，企业及政府在规范与灵活之间"摸着石头过河"，进行着艰难的选择。要想解释各类互联网时代的众智现象背后的内在机理或规律，需要创新理论的指导。

到目前为止，对于众智现象及其行为结果，特别是互联网环境下的大规模在线的众智现象及其行为结果，国内外相关研究机构和学者虽然已经在众智方面开展了一些零星的、局部的、碎片化的研究，但还没有形成系统性的基础理论与方法用于解释和指导众智实践。因此，Chai 等[2]提出了众智科学与工程（crowd science and engineering）的概念。众智科学与工程是以众智网络为研究对象，研究众智网络的运行机理和基本规律，探索大规模在线互联环境下的信息-物理-意识三元融合空间中众多智能体相互作用的基本原理和规律，为构建科学、高效的未来网络化众智经济社会形态提供理论基础。

1.3 众智网络的科学问题

众智科学与工程是研究信息网络环境下在线互联的众多智能主体（个人、企业、组织机构、智能物品等智能装备）之间相互作用与影响的理论、方法、技术及其工程应用的学科。

众智科学（crowd science）以系统科学、信息科学、网络科学、计算机科学、AI 等为基础，研究各应用领域内的共性问题，即为了最大限度地释放和有效利用在线互联的众多智能主体的智能，实现经济社会系统的高效运作，避免突发性灾难，全面提升经济社会的运行效能；度量单个智能主体的个体智能及由众多相互作用与影响的智能主体构成的众智网络系统的众智水平；建立众智网络系统模型，分析影响各类智能释放和利用的主要因素，并研究采取何种方法设计、分析与优化众智网络系统。众智科学与相关学科及应用领域的密切结合，又可以形成众智科学与工程中丰富多样的内容。

众智科学与工程的研究框架如图 1-3 所示，涉及众智科学的基本原理及其进化、众智网络建模与互联、智能交易理论与方法、众智网络的结构演化与鲁棒性、众智网络理论仿真与试验平台研发等研究内容。众智科学与工程利用系统论、信息论、控制论、计算机科学与工程、管理学、经济学、社会学、心理学等知识，以及物联网、云计算、大数据、AI 等新技术手段，探索基本原理、在大规模在线互联情况下的信息以及物理和社会三元系统的群体智力活动的规律。希望寻求并建立相关方法和工具，充分发挥个人和集体智慧，挖掘潜力，有效推进基于 Web 的新型工业操作系统和社会运行管理模式。

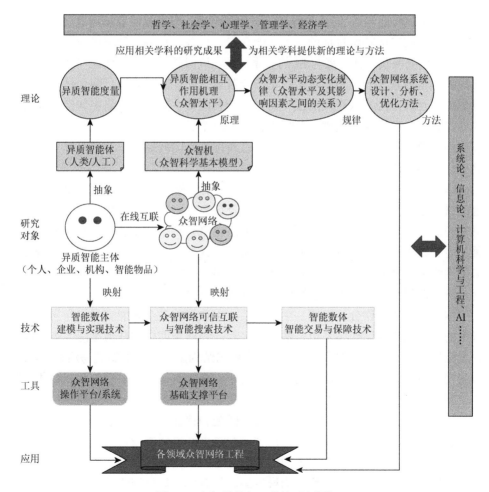

图 1-3 众智科学与工程的研究框架

众智科学与工程是系统性、综合性、基础性的研究，亟待解决以下与众智网络相关的关键科学问题。

（1）智能的度量与自我进化问题。AI 领域吸引了多领域的大批科学家对其开展长期研究，但对于什么是智能，始终没有统一、明确的定义。众智网络环境下又增加了智能度量的难度。在众智互联经济社会形态下，智能主体之间的交易选择在很大程度上依赖于智能的评价和度量。因此，必须要解决智能度量的问题，目标是"人尽其才，物尽其用"。另外，众智网络中个体和群体的智能也在随着自身发展和协同交互而不断发展变化，时时刻刻都在自我进化，但进化的方向和结果是不确定的。如何确保智能数体向好的方向有效进化，不断地提高自我智能，这就需要探索众智网络中智能数体有效进化的机理、方式和手段问题，实现"三人行必有我师"。

（2）个体智能与 SI 的关系问题。众智网络中，多个智能数体通过交互、竞争与合作，协同完成特定目标的任务，如众包、众筹、众创、动态供应链的形成与管理等。这就涉及个体智能与 SI 的关系问题，该问题是未来网络化产业运作需要解决的基本问题之一。主要包括：①智能数体之间互联的问题，即个体和群体通过怎样的互联方式构成更大的群体，形成众智网络；②众智网络中智能数体之间的合作分享机理与协作规则，解释为什么"三个臭皮匠，顶个诸葛亮"和"三个和尚没水喝"；③个体与群体之间的相互作用与影响问题，即个体在群体结构中处于什么样的位置、作用和影响如何度量。

（3）信息-物理-意识三元融合众智网络中的智能数体及其互联建模问题。众智网络是指物理空间的众多智能主体，以及各自意识空间的思想，一一映射到信息空间的智能数体，并互联形成自组织生态化复杂网络，支持智能数体之间的各种智能交易行为和生态位结构的演进。通过研究众智网络的机理和规律来研究未来的网络化经济社会形态，这就涉及众智网络中智能数体及其互联的建模问题，它是研究众智网络空间中智能数体行为方式与规律的基础。

（4）众智的协作分工问题。主要包括：①众智的微观智能交易协作问题，在未来的网络化产业运作体系中，从微观来看，物理空间中的任何智能主体之间均存在某种意义上的供需关系，其基本行为可归结为某种意义上的交易活动。为此，要想实现更加智能、更加高效的交易，需要以众智网络及映射后的智能数体之间的交互和交易行为为研究对象，研究智能数体之间交易的主要协作模式、协作规则、精准供需识别，以及智能供需的交易匹配和评估，实现智能交易。②众智网络产业分工带来的生态结构性演化问题，在未来网络化产业形态下，从宏观角度来看，智能主体在不同时期有不同的社会分工，不同的社会分工构成的网络化产业形态结构也不同，究竟哪种结构最生态、最有效？如何演化？如经济领域存在大量的各类网络平台、生产制造单元或工厂，以及各类从业人员，究竟是综合平台有效还是专业化平台有效？是少量综合平台与众多生产制造单元配合，还是众多专业化平台与众多生产制造单元配合？要解决这些问题，就必须以众智网络的结构为研究对象，参考对生态系统结构和演化的研究，研究众智网络中的智能数体之间呈现何种生态结构，可以实现众智网络系统的高效运行，最终发现网络化经济社会形态的演化路径。

（5）众智网络系统的鲁棒性问题。从宏观角度看，众智网络面临更多的不确定性和难预测性，众智网络系统的鲁棒性问题更加复杂，即如何保持众智网络系统的相对稳定性，不至于发生突变或崩溃，对应于现实世界就是避免发生破坏性的负面群体事件、泡沫经济、经济危机或破坏性的革命。

本书将重点对众智网络建模与互联进行研究，建立众智网络建模理论与互联理论，将物理世界的自然人、企业、机构、智能物品，以及其各自意识空间的思想，映射到众智网络的智能数体，为发现众智网络的运行规律、研究其基本原理提供模型基础。为此，本书将主要阐述建立众智网络中各类智能数体的网络心智模型和研究众智网络中各类智能数体之间的智能互联模型与算法，用于精准寻址、定位与匹配，最终形成众智网络的完整模型，进而构建一个能够全面、真实、准确反映物理世界的未来网络化产业生态系统，为众智科学与工程学科中的其他研究提供模型基础。

1.4 众智科学的相关工作

目前已有许多关于众智的研究，但大多基于同构同质智能体，且规模有限，就众智科学与工程的角度而言，这些研究较为片面，是碎片化的研究，但仍具有一定的指导作用。

众智网络系统中的众多智能体可以充分发挥其智慧和潜力，通过相互交流、协作、对抗，产生各种意想不到的非线性行为和效果，本质上与复杂适应系统较为相似，但更加复杂，主要是众智网络呈现出稳定与突变、有序与无序、确定与随机、他组织与自组织、可知与不可知的对立统一特征，使众智网络系统的行为和结果更加不可测，加上在众智网络环境中，异质智能无法直接控制，只能进行间接的影响，目前缺乏统一的模型标准和规范。因此，需要在理论上建立多学科融合的学科体系，集"众"的智慧，实现大规模异质异构智能体在去中心化环境中的高效稳定协作，最大限度地释放和高效利用各类智能，实现众智网络系统的高效运作；有效管控各类智能，使运作更加稳定、不发生突发性灾难；合力提升各类智能的智能水平，持续提高创新活力。在现有研究中，已存在许多关于众智的研究。

SI 始终是智能科学研究的重点，重点聚焦于复杂问题的优化求解。SI 的概念起源于生物学科，最初来自昆虫学家 Wheeler 的观测。20 世纪 80 年代，多个学科领域的研究人员从群居性生物的群体行为涌现的 SI 受到启发，提出了 SI。Bonabeau[3]认为 SI 是任何通过群居性昆虫群体和其他动物群体的集体行为而设计的算法和分布式问题的解决方案。经典的 SI 算法包括蚁群优化（ant colony optimization，ACO）算法、粒子群优化（particle swarm optimization，PSO）算法。SI 的思想和方法经常作为经济仿真、多智能体建模、复杂系统建模的理论基础。

传统 SI 始终试图从多学科的角度对人和生物体的集体行为和智慧进行建模和模拟，设计数学模型和算法，应用于生物、经济、人类活动等多个领域的具有复杂系统特征的优化问题求解中，并未涉及网络化产业运行问题的解决。

基于互联网的信息物理世界已经深刻地改变了 AI 发展的信息环境，带来了 AI 研究的新浪潮，并将其推向 AI 2.0 的新时代。作为 AI 2.0 时代最重要的研究特征之一，SI 已经引起了业界和研究界的广泛关注。SI 通过收集人群的智能来应对挑战，提供了一种新颖的解决问题的范例，特别是由于共享经济的快速发展，SI 不仅成为解决科学挑战的新途径，而且融入日常生活中的各种应用场景，如 O2O 应用、实时交通监控和物流管理等。在 AI 领域，SI 发挥着重要作用，基于群体编辑的维基百科、基于群体开发的开源软件、基于众问众答的知识共享、基于众筹众智的万众创新、基于众包众享的共享经济等都是 SI 的应用。

SI 可以在多个领域发挥作用，可以用于揭示复杂的经济发展规律、解释网络舆论等网络化现象、模拟群体性社会事件的发展和演变等。关于"群智"的研究，SI、群体智慧（crowd intelligence，CI）、集体智慧（collective intelligence）、人本计算（human computation）和众包（crowdsourcing）等都体现了"群智"的思想。

1.4.1　群体智能

SI 的概念受到鸟类和蜜蜂的启发，从对自然界的学习中可以发现，当社会性动物（或群居动物）以一个统一的动态系统集体工作时，解决问题和在做决策上的表现会超越大多数单独成员。在生物学上，这一过程被称为 SI，SI 是一种比较新的人工智能方法。Drogoul 等[4]在 2002 年提出，SI 是 AI 的一个领域，研究通过简单代理或单个系统组件的多个本地交互，从系统组件中产生有用的自组织系统的设计，其强调的是该领域研究的是自组织系统的设计[5]。Kutsenok A 和 Kutsenok V[6]将 SI 定义为"协作解决问题的简单通信代理的多代理系统设计"，SI 是一种多代理系统设计技术，它创建了一种新的 SI 方法，而不会强迫设计者模拟某些特定昆虫的行为。他们认为 SI 的主要思想是创建一个简单的本地代理系统，该系统将单独处理设计人员尝试解决的部分问题。

对 SI 的定义进行扩展,普遍意义上有以下几种理解。一是由一组简单智能体涌现出来的集体智慧[7],以 ACO 算法和蚂蚁聚类算法等为代表;二是把群体中的成员看作粒子,而不是智能体,以 PSO 算法为代表。SI 是对生物群体的一种软仿生,有别于传统的对生物个体结构的仿生,可以将生物个体看成非常简单和单一的,也可以让它们拥有学习的能力,从而解决具体的问题。人们从生物进化的机理中受到启发,20 世纪 50 年代中期创立了仿生学,提出了许多用以解决复杂优化问题的新方法,如进化规划、进化策略、遗传算法等,这些算法成功地解决了一些实际问题。

1.4.2　群体智慧

CI 最早是指“群体拥有更多的专业知识,其决策比单独的专家更能提供好的解决方案”[8]。关于 CI 的研究,最早可追溯到 1907 年,统计学家高尔顿观察到,在一个国家估计牛的重量的竞赛中,牛的重量被个人估计得很差,但个人猜测的重量平均值在真实值的 99.2%以内,这比牛类专家给出的估计要准确得多。从这一观察中能够认识到,从群体中收集信息可能会比单独的专家提供更好的决策和解决方案。该个人群体小组拥有的专业知识被称为“the wisdom of the crowd”或“crowd intelligence”[8]。

随着互联网和信息技术的发展,CI 被赋予了新的含义。Li 等[9]认为 CI 能突破个人智能的限制,CI 是指在某种基于互联网的组织结构中,通过大量自主个体的集体智慧共同完成具有挑战性的计算任务。基于互联网的 CI 具有以下特征:①来自在线组织和社区中的在线平台上的大量个人;②CI 系统能够无缝地将人群和机器能力进行交织,以解决具有挑战性的计算问题。也有学者在研究 CI 时,将其描述为主题专家的知识和经验[10]。

CI 思想已广泛应用于海量数据处理、科学研究、开放式创新、软件开发和共享经济等领域,CI 的每个应用领域都有针对群体任务、组织风格和工作流的定制要求。在 CI 的研究方面,学者主要从群体组织的有效性、CI 产生的激励机制和CI 的质量控制三个方面展开研究。

在群体组织的有效性方面,CI 可能涉及广泛的人群任务,如集体数据注释、协作式知识共享及基于众包的软件开发,这需要不同级别的专业知识和奉献精神。为了实现这些人群任务的目标,可以采用包括协作、协调和竞争在内的互动模式来连接个人,并为他们提供调解机制,以在社会化环境中工作,此时,群体组织的有效性尤其重要。针对开源人群的组织结构,尽管在开源软件(open source software,OSS)社区中不存在严格的层次结构,但扮演不同角色的开发人员能够在洋葱结构(onion structure)[11]下相互协作。从社会学角度出发,参与人群的社会活动会自发地聚集到不同的子社区，通过构建和挖掘后续网络，Li 和 Yu[12]已经研究了典型的社会行为模式。例如，一位著名的开发者之后有大量的用户跟随，但他几乎从未跟随这些人，这就是星型模式。Bird 等[13, 14]通过挖掘电子邮件社交网络和开发活动的历史证实了社交行为与技术协作行为之间的一致性。针对开源人群的管理和治理结构，参与者承担的角色不同，他们的贡献也会发生变化[15]。

在 CI 产生的激励机制方面，由于个体拥有高度的自主性和多样性，CI 在时间、能力和成本上具有很高的不确定性。因此，一个关键的科学问题是如何在不同场景下掌握 CI 的模式，揭示其内在机制，引导激励机制和操作方法，从而实现可预测的 CI。CI 在众包类任务中常用的激励机制有：①基于拍卖理论的货币激励机制[16-18]；②社区驱动的激励机制，部分开源社区的开发者期望获得他人认可，Hars 和 Ou[19]认为他们的动机不是金钱奖励，而是个人爱好及偏好，这就证明了自我价值实现的必要性，即他人对自己工作的认可，期望获得较高的评价[20]。

在 CI 的质量控制方面，在实际的 CI 系统中需要进一步处理人群提交的内容，如数据标签和产品设计的想法。因此，提交的内容对系统的有效性有很大的影响，如何评估、控制和保证工作质量，以及如何利用好低质量的工作产出都是重要的问题。由于群体任务的多样性，不同类型的群体应用任务需要采用不同的质量控制方法。在实际应用中，通常为数据处理、决策制定和软件创新引入质量控制方法。数据处理的目标是用最低的成本获得最可靠、最有用的数据，Yan 等[21]为了从众包中学习到正确的标签，将主动学习与众包结合起来，提出了提供选择任务和工人标准的概率模型。Chen 等[22, 23]将众包预算分配到马尔可夫决策过程中，并以动态规划为特征，描述了最优策略，提出了一种基于知识梯度法的有效逼近方法。在决策制定方面，在开放的环境中，信息是动态变化的，并且反馈通常不及时，传统的决策无法在开放环境中有效地解决具有挑战性的问题，也无法及时做出正确的决定，这也限制了 CI 的发展。为了解决决策风险控制问题，Wang 等[24]提出了一种将参与者的社会关系考虑在内的准确的决策方法，Ouyang 等[25]提出了一种利用定量信息精确决策的方法。随着参与者人数的增加，由他们提供的信息是嘈杂的，选择一小群可靠的参与者做决策能够进一步提高决策的精确度，决策信息来源的可信度也会影响决策的质量。此外，参与者群体的创新性也会影响到 CI 的质量[26]。

此外，在数据存储与管理方面，Ooi 等[10]提出利用环境 CI 来构建下一代智能数据库管理系统，在其研究中，CI 被描述为主题专家的知识和经验。针对预测高危患者被安排到医疗保健部门的重症监护病房，或者预测电信行业的恶意短信息服务等问题，现有的解决方案基于"最佳实践"，即系统的决策是知识驱动的或数据驱动的。但是，规则和例外情况只能由积累了多年经验的主题专家精确地确定，离开专家的经验后，其效果将会大打折扣，并且由于专家有限，通过简单的专家人工方式和规则来发现和检测欺诈是十分低效的，且系统的复用性差。Ooi 等[10]利用 CI 设计了一个更智能的数据库管理系统（database management system，DBMS），捕捉数据背后的领域知识，以有效地解决行业或者领域特定的问题。该系统的核心是一个混合的人机数据库引擎，机器与中、小企业进行交互，作为反馈回路的一部分，以收集、推断、确定数据，并增强数据库的知识和处理能力。

另外，CI 同样可以与智能移动设备相结合，为未来移动物联网的研究提供思路，Zhang 等[27]的研究提出，人们日常使用的移动设备如手机等可作为移动传感器，当越来越多的人使用带有传感器的移动设备进行协作时，可以报告交通状况或者当地污染情况，多用户的遥感数据可以进一步分析和加工形成 SI；此外，Guo 等[28]还提出了新的术语——移动人群感知和计算（mobile crowd sensing and computing，MCSC），从大规模和异构的用户贡献数据中描述 CI。

1.4.3　集体智慧

关于集体智慧概念的起源没有明确的定义。早在 1994 年之前，有学者将集体智慧定义为：“它是一种智力形式，这种智力是分布式的，不断增强、实时协调，并能产生有效的技巧性活动。”根据维基百科，集体智慧被定义为由许多个人的合作、集体努力和竞争产生的共享或集体智慧，这些智慧出现在共识决策中。这个定义从决策增强的方面强调集体能力可以提升个人的决策能力[3]。Smith[29]将其定义为由一组人完成一项任务，就好像这个团体本身是一个连贯的、聪明的机构一起工作，而不是一群独立的代理人。这个定义再次突出了人群智慧头脑的本质。Lévy[30]描述了集体智慧是一种普遍的分布式智能，不断增强、实时协调，并且能产生有效的动员能力。Lévy 在总结前人定义的基础上，提出了自己的观点，认为集体智慧的定义还要满足：集体智慧的基础（和发展目标）是相互承认的个体，而不是对某个偶像或者具体化的社区和组织盲目的崇拜认可。1997 年，Lévy 在其著作 *Collective Intelligence* 中提出“集体智慧是一种主观动员、高度个性化并且具有伦理和合作精神的智慧形式”[30, 31]。

集体智慧的最新定义可以在 *Handbook of Collective Intelligence*[32]中找到，作者将集体智慧定义为以看起来聪明的方式进行集体行动的人群。这是一个非常普适化的定义，它要求集体智慧体现为聪明的群体活动和行为。显然，只要群体成员之间的相互作用表现出智能特征，如新知识的产生、共识决定及智能行为模式的出现，任何类型的人群活动都可以落入集体智慧的范围内。

Heylighen[33]认为集体智慧是一种表示一个群体相对于个体成员能解决更多问题的能力。Bonabeau[3]对集体智慧的定义是由许多个人的协作、集体努力和竞争产生的共享或集体智慧，这种智慧出现在共识决策中。这一定义强调集体能力从决策增强的角度出发，可以提升个人的决策能力。Malone 等[32, 34]将集体智慧定义为一群以看似聪明的方式进行集体行动的群体，集体智慧表现为智慧群体的活动和行为[9]。Kapetanios[35]定义了人类的计算机系统中的集体智慧，机器生成和收集大量的人类知识，同时启用应急知识，即对收集的信息进行计算和推理，产生答案，发现其他未在人类贡献中发现的结果。Woolley 等[34]的研究通过将集体智慧和个体智力类比，把一个群体的集体智慧定义为团队完成多样化任务的能力。

1.4.4　人本计算

　　von Ahn 最早总结了人本计算并做出如下定义，人本计算是一种利用人类的处理能力来解决计算机无法解决的问题的范例；人本计算是利用人类的努力来完成计算机无法完成的任务的想法。人本计算的大多数定义是由 von Ahn 和 Law[36, 37]提出的，有以下几种理解：①一种利用人类的计算能力来解决问题的技术；②一种让人类解决无法通过计算机解决的任务的技术；③在某些步骤中涉及人类的计算过程；④计算机系统和大量的人类一起工作，以解决无法通过计算机或人类单独解决的问题；⑤一个新的研究领域，研究如何构建系统，如简单的休闲游戏、收集人类用户的注解。Quinn 和 Bederson[38]在 von Ahn 定义的人本计算的基础上，增加自我识别为人本计算的工作体，认为人本计算可以解决的问题需要满足：①这些问题符合计算的一般范式，有一天可能由计算机来解决；②人类的参与由计算系统或过程来指导。

　　由于人本计算的概念常常与众包、集体智慧等术语混淆，因此，Quinn 和 Bederson 探讨了人本计算与这些相关话题的关系。Quinn 和 Bederson[38]将人本计算系统分类，以帮助识别不同系统之间的相似度，并在现有的工作中揭示漏洞，作为新研究的方向，把人本计算和众包、集体智慧进行了对比。

　　1. 众包与人本计算

　　在图 1-4 中，众包与人本计算的交集代表了可以被传统的人类角色或计算机角色替代的应用程序。

　　2. 集体智慧与人本计算

　　集体智慧和人本计算的关键区别在于众包，只有当过程依赖于一组参与者时，集体智慧才会有额外的区别。可以想象，在一个由单独的工人进行的计算中，可能会有一个人的计算系统，这就是为什么人本计算的一部分突出于集体智慧之外。

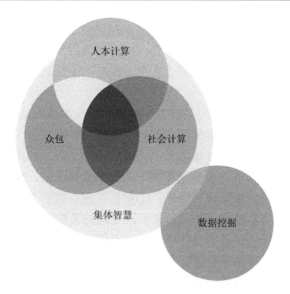

图 1-4　众包、人本计算、社会计算与数据挖掘的关系

1.4.5　众包

众包是指一个公司或机构把过去由员工执行的工作任务，以自由、自愿的形式外包给非特定的（而且通常是大型的）大众网络。众包的任务通常由个人来承担，如果涉及需要多人协作完成的任务，也有可能以依靠开源的个体生产的形式出现，这是 Howe[39]在 2006 年首次提出的众包的概念，然而学术界对众包的定义一直没有一个公认的结论。冯剑红等[40]定义众包为一种公开面向互联网大众的分布式的问题解决机制，它通过整合计算机和互联网上未知的大众来完成计算机单独难以完成的任务。文献[41]总结了各类文献中的众包定义，其中的 40 个定义从不同的角度对众包进行了描述，Alonso 和 Lease[42]从任务分配的角度强调众包是将任务外包给一大群人，而不是将这些任务分配给内部员工或承包商；Brabham[43]从商业角度进行分析，认为众包是一种在线的、分布式的问题解决和生产模式，目前已经被 Threadless、iStock 等营利组织使用；Büecheler 等[44]认为众包是集体智慧的一个特例；Kazai[45]认为众包是公开呼吁群众成员的贡献来解决问题或执行人类智力任务，通常是为了获得小额支付、社会认可或娱乐价值。

众包通过整合计算机和互联网上未知的大众来完成计算机难以单独处理的任务[40]。从 2009 年开始，众包得到了各个领域的广泛关注，已经逐渐成为一个新研究热点，在基础理论和工程技术方面向科技工作者提出了大量具有挑战性的问题。

Yuen 等[46]从应用、算法、性能和数据集 4 个方面总结了众包的进展；Kittur 等[47]阐述了众包在同步协作、实时响应和动机等 12 个方面面临的挑战；Doan

等[48]回顾了万维网上应用的众包系统，从问题类型和协作方式等方面对众包系统进行了分类总结；冯剑红等[40]介绍了众包的工作流程，并以工作流程为基础，从任务准备、任务执行和任务答案整合三个方面总结了众包技术研究的重要进展和面临的挑战。

李国良[49]在众包领域开展了多方位的研究，提出群体计算（crowd computing）是人群和机群协作的一种计算模型，通过整合互联网上大量用户（人群）和计算资源（机群）来处理现有计算技术难以完成的复杂任务。群体计算主要研究如何通过人机协作的方法来解决大数据环境下的复杂计算任务，重点在于建立人机协作的计算模型及优化控制机理，包括：①如何实现高效的人机协作；②如何感知并处理不同质量的计算结果；③如何在资源受限的条件下实现群体计算。

目前，学术界和工业界对群体计算已经开展了大量的研究工作，但是现有的研究仍不够完善，关于未来群体计算研究的发展趋势，将会从群体计算的复杂性理论、群体计算的质量度量与机制设计、群体计算的资源建模与任务分解、群体计算中的任务搜索与推荐、群体计算中的数据安全与隐私保护、群体计算与新型应用的结合等角度展开研究。

众包技术的应用领域广泛，涉及人机交互领域、数据库领域、自然语言处理领域、机器学习和 AI 领域、信息检索领域及计算机理论领域等。Haas 等提出了有关微任务（macrotask）[50]的众包问题，验证了 Argonuat 系统与随机抽检（random spotchecking）方法相比，在误差捕获性能方面提高了 118%；Haas 等[51]在解决数据标签（data labeling）延迟问题上也引入了众包技术；Hu 等[52]使用众包的方式来解决为兴趣点（points of interest，POI）打标签的问题；Mo 等[53]解决了在众包任务的答案聚集阶段因数据不足而导致最终得出的结果真实性不高的问题；Ma 等[54]对众包数据聚集过程中工人在不同的主题（topic）下能力不同的问题开展了研究；Das Sarma 等[55]针对众包质量管理问题进行研究并取得了更好的效果；斯坦福大学的 Parameswaran 等[56]提出了一种基于众包解决评级（rating）和过滤（filtering）问题的算法，结果显示答案的错误率比传统方法低 30%；南洋理工大学的 Hao 等[57]提出了一种通过众包的方式来获取数据标签的方法；针对实体解析（entity resolution）这一对计算机来说较难的问题，Whang 等[58]提出利用众包解决实体解析，在有效减少问题数量的同时获得了高准确度；香港大学的 Cheng 等[59]提出了一个解决空间众包问题的系统；针对大规模分类问题，威斯康星大学麦迪逊分校的 Sun 等[60]提出 Chimera 方法，达到了较高的准确度；针对基于微博服务解决决策的问题，香港科技大学的 Cao 等[61]提出陪审团选择问题（jury selection problem，JSP）解决方案。

针对移动众包平台中任务的实时分配，并且要求任务和工人随机到达的问题，Tong 等提出一个两阶段的全局在线分配（two-phase-based global online allocation，TGOA-Greedy）算法[62]，Ouyang 等[63]提出了真值发现问题。关于移动众包中任务分配的问题，Kazemi 和 Shahabi[64]自定义了最大任务分配（maximum task assignment，MAT）问题，实现了任务的最大化分配。上述研究者都已在众包领域进行了较深入的探索。

1.4.6　公民科学

关于公民科学（citizen science，CS）的起源，最早可追溯到 1995 年，英国社会学家 Irwin[65]在其书中介绍，CS 是公民自己发展和制定的一种科学形式，发展意味着必须向公众开放科学和科学政策程序；而美国鸟类学家 Bonney 等[66]将 CS定义为非科学家（如业余观鸟者）自愿提供科学数据的项目，这一定义更加狭义；Riesch 和 Potter[67]解释了科学家眼中的 CS，公民和科学的关系应该有两个维度：①科学应该回应公民的关切和需求；②公民自己可以产生可靠的科学知识。

CS 不同于真正的科学（由科学家参与），除了有科学家参与，普通公民也参与到科学研究和科学项目中，其形式可以是公民与科学家合作，帮助收集试验数据、对数据进行解释等。此外，参与形式还可以更加开放，通过共同努力来实现集体目标，CS 强调公民的参与、合作。

在后续的研究中，对于 CS，不同研究领域的学者有不同的认识。Irwin[65]将 CS和科学民主化运动等同；Bonney 等[66]把 CS 和公众参与科学研究等同，特别强调是与专业的科学家合作，共同收集、提交或分析大量数据，认为普通公民参与这些实际的科学研究便是 CS；Wiggins 和 Crowston[68]认为 CS 是一种研究合作的形式，涉及公众参与科学研究项目，以解决现实世界的问题。这些项目通常组织为虚拟协作，是一种开放的运动，通过开放参与研究任务来实现集体目标。CS 项目的现有类型主要集中在参与的结构上，很少关注组织和宏观结构属性。Cohn 和Cooper 等[69, 70]把 CS 看作未来科学真正的互动形式；Brossard 等[71]认为 CS 是一群非科学家的公民参与到科学研究中，包括在具体科学中收集数据、解释数据，参与一些科学性质问题的决策。

1.4.7　众智科学的出发点

传统的 SI 研究是对复杂问题进行优化求解，在自然环境下，以动物（个别研究涉及人类）群体行为为主要研究对象，所以研究对象在本质上是规模有限的同质同构智能体（同类动物或人类）。目前的研究以各类优化算法为主，在研究问题的途径上，以图灵机智能为主，综合运用数值分析计算、信息存储记忆、快速检索、逻辑推理进行研究。

而众智科学的出发点是面向国家重大战略需求，解决未来网络化众智型经济社会的基本问题，是在互联网、大数据环境下开展的研究，以在线深度互联的大规模个人、企业、机构及智能物品等智能体协同运作为主要研究对象，在同质同构智能体研究的基础上，开展大规模异质异构智能体（个人、企业、机构、智能物品等）研究。众智科学侧重于在优化算法研究的基础上，探索大规模异质异构智能体的协同运作的基本概念、原理、方法与规律，其研究问题的方式是在图灵机智能的基础上，拓展到网络智能，融合心理要素、常识经验及运用知识进化、形象思维等进行研究。

1.5 众智科学与其他学科的关系

众智科学与工程是一门自然科学、社会科学交叉融合的学科方向，与众多学科相关，比较密切的学科主要包括社会学、心理学、管理学、经济学等。一方面，这些学科的已有成果可以作为众智科学的基础，例如，社会学中人类主要行为方面的研究成果、心理学中关于人的心智模型等；另一方面，众智科学的基础理论（如众智机模型）与方法可以作为这些学科进一步研究的基础，丰富这些学科的研究方向。

1.5.1 与社会学的关系

社会学是研究社会行为与人类群体的学科，它以个人及其社会行动为研究对象，认为个人是社会的存在物，社会又是人们交互作用的产物，是每个人借以生产的社会关系的总和。社会学采用实证论的定量方法和人文主义的理解方法，以寻求或改善社会福利为主要目标开展研究。

2009 年 2 月，十余位来自社会学、物理学、信息学等领域的学者联合在 *Science* 杂志撰文，分析了在网络的广泛性和多样性应用背景下产生的、以发掘行为和组织规律为目的的计算社会学的研究问题、已有基础和学科发展的机遇与挑战，开始了计算社会学的研究。作为一个跨学科的新兴学科领域，计算社会学近年来蓬勃发展，并得到国内外信息科学及相关交叉学科领域的高度重视，主要研究方向包括社会系统建模、社会系统的试验和分析方法、相关社会学理论研究、社会计算的应用研究，以及社会计算平台与支撑环境等。

从社会学到计算社会学是信息网络技术发展渗透到社会各层面的必然趋势。但是，到目前为止，还未形成统一的研究范式和研究方法。众智科学的众智机模型及基于众智机的建模与仿真方法可以为社会学及计算社会学提供基础，并可以进一步丰富众智机模型，例如，除智能水平外，还可以引入社会学的关键变量，如社会舆论等。

1.5.2　与心理学的关系

心理学是研究人类心理现象及其影响下的精神功能和行为活动的科学。它以个体、群体、个体和群体为研究对象，采用自然观察法、试验法、调查法、测验法、个案法等，以寻找行为和心理过程的常规模式、改进人类生活质量为目标，围绕描述发生的事情、解释发生的事情、预测将要发生的事情、控制发生的事情开展研究。

纵观心理学的主要研究对象、研究内容、研究方法等，众智科学的众智网络模型与仿真方法可以为其深入研究并进一步走向计算心理学提供基础支撑。

1.5.3　与管理学的关系

管理科学与工程是综合运用系统科学等多学科知识研究解决社会、经济、工程等方面的管理问题的一门学科。

现代企业管理理论体系有三位先驱建立了被后世广泛使用的理论，分别是美国人弗雷德里克·泰勒的基于动作研究的科学管理；德国人马克斯·韦伯的科层制或他自己所说的官僚制，即今天常见的金字塔式组织结构；法国人亨利·法约尔提出的关于组织内部的一般管理理论——认为管理有计划、组织、指挥、协调和控制五大管理职能，以及五大管理职能要不断再平衡，实质是让五大管理职能不断增减。在互联网时代，这三位先驱的理论都将可能被颠覆。

第一，个性化。互联网带来了零距离，零距离意味着弗雷德里克·泰勒的科学管理不实用了，因为零距离要求从以企业为中心转变为以用户为中心，用户的需求都是个性化的。弗雷德里克·泰勒的科学管理是大规模制造，现在则要从大规模制造变成大规模定制。第二，去中心化，没有领导。谁是员工的领导？不是他的上级，而是用户，员工和用户之间要直接对话，这就把马克斯·韦伯的科层制颠覆了。互联网时代的企业应该没有层级。第三，开放式。所有资源不是在内部，而是在全球，这就颠覆了亨利·法约尔的一般管理理论。第四，小型化。之所以出现像企业这样的生产经营组织方式，是为了节约交易成本，企业的边界就是内部交易成本与外部交易成本的平衡点，这是罗纳德·哈里·科斯的贡献。随着互联网覆盖面的扩展，网速提高，全社会的交易成本将逐渐降低，必将减小企业的物理规模。第五，契约化。互联网时代改变了企业的生产经营方式和人们的生活方式，使不受时空限制的随时随地就业成为可能，传统的雇佣制将被未来的契约制逐步替代。第六，生态化。互联网的发展充分释放了个人的活力和智慧，AI 的发展在不断提升机器和物品的智能，使人们越来越多地意识到，未来的企业内部及由众多企业构成的产业链不是一个机械系统，而是一个生态系统，一切组织不仅是静态的网络连接，而且应将组织看成生命系统而不是静态的机器，即可动态地根据外部市场需求灵活应变，而非冷冰冰的官僚机构。

总之，时代在呼唤创新的企业管理思想与方法，需要采取扬弃的观点，研究探索新型企业的管理思想和方法。

众智科学的众智网络模型与仿真方法可以为研究探索新型企业的管理思想和方法提供基础支撑。

1.5.4　与经济学的关系

在近现代经济学的思想发展史上，曾经产生过三次大的革命与三次大的综合。每一次革命都提出了与之前的经济学理论完全不同的研究范式，而每一次综合则把前后两种不同的研究范式统一在一个更大的理论框架中。这种以范式革命与范式综合的交替形式出现的理论创新模式，事实上是科学发展的一般规律。就经济学而言，这种革命与综合的创新既反映了人类经济历史不断前进的步伐，也反映了人类思想历史不断深化的过程。

近现代经济学的第一次革命以亚当·斯密（Adam Smith）的《国富论》（1776 年）为标志，突破了自古希腊和中世纪以来只注重财富管理分析的前古典经济学研究范式，确立了以财富生产分析为主要目的的古典经济学研究范式。这一范式的革命与转换发生在第一次工业革命的开启时期（18 世纪 60～70 年代），反映了以机器生产和社会分工为特征的工业文明对以家庭经济和自然经济为特征的农业文明的革命性替代。

近现代经济学的第一次综合以约翰·穆勒（John Mill）的《政治经济学原理》（1848 年）为标志，对前古典经济学与古典经济学的研究范式进行了理论综合，把财富的管理和财富的创造整合为一个统一的分析框架，使之成为经济学中并行不悖、相互补充的两大研究范式。这种范式的综合发生在第一次工业革命的结束时期（19 世纪中叶），反映了随着第一次工业革命的完成，包括经济学家在内的社会精英分子可以用更为包容的心态对待人类科学与人文发展的历史遗产。

近现代经济学的第二次革命即边际革命，其标志性的人物和代表作分别包括赫尔曼·戈森（Hermann Gossen）的《人类交换规律与人类行为准则的发展》（1854 年）、卡尔·门格尔（Carl Menger）的《国民经济学原理》（1871 年）、利昂·瓦尔拉斯（Leon Walra）的《纯粹经济学要义》（1874 年）和威廉·斯坦利·杰文斯（William Stanley Jevons）的《政治经济学理论》（1879 年）。边际革命突破了古典经济学之前以生产投入（包括劳动投入）为分析对象的客观价值理论，提出了以人的心理因素为分析对象的主观价值理论，即边际效用理论。这一范式的革命与转换发生在第二次工业革命的开启时期（19 世纪 70 年代），反映了在第一次工业革命极大地提升了人类的物质文明以后，经济学家开始更多地关注人类自身及人类精神世界的崭新视野。

近现代经济学的第二次综合则是新古典经济学的创立，以阿尔弗雷德·马歇尔（Alfred Marshall）的《经济学原理》（1890 年）为标志，将古典经济学的客观价值论和边际革命的主观价值论整合为一个统一的分析框架。其中，古典经济学的要素投入理论作为新古典经济学的生产（供给）理论，而边际革命的边际效用理论则作为新古典经济学的消费（需求）理论；并以供给函数（供给曲线）和消费函数（消费曲线）的形式统一于以数学（微积分）形式表达的均衡价格理论中。这种范式的综合发生在第二次工业革命的结束时期（19 世纪末和 20 世纪初），反映了人类工业文明鼎盛时期现代科学、技术对人类经济生活极大的促进作用，以及现代科学理论的建构方式，尤其是以数学为一种通用的科学语言对经济学产生的重大影响，从而成为经济学理论从近现代走向现代的标志。

现代经济学的第三次革命以约翰·梅纳德·凯恩斯（John Maynard Keynes）的《就业、利息和货币通论》（1936 年）为标志，被世人称为凯恩斯革命。凯恩斯革命突破了新古典经济学将经济分析的基点立足于个人与厂商的微观分析范式，第一次确立了以国民经济为一个整体对象的宏观分析范式。这一范式的革命与转换发生在整个工业文明由鼎盛转向衰退的时期（20 世纪 20～40 年代），反映了 1929～1933 年在美国爆发、继而席卷整个资本主义世界的大危机对资本主义经济方式产生的深刻影响，它是在资产阶级意识形态内部对亚当·斯密之后的"自由放任"的古典资本主义制度，以及马歇尔均衡价格理论的深刻反思与批判，并由此开创了国家干预的现代资本主义制度。

现代经济学的第三次综合以保罗·萨缪尔森（Paul A.Samuelson）的《经济学分析基础》（1947 年）为标志，将新古典经济学的微观分析范式与凯恩斯主义的宏观分析范式整合为一个统一的分析框架。该理论以充分就业为界，把描述充分就业均衡状态的经济分析称为微观经济分析，把描述未能实现充分就业的非均衡状态的经济分析称为宏观经济分析，从而创立了新古典综合派经济理论。这种范式的综合发生在工业文明日渐式微而人类新经济形态开启的前夜（20 世纪 50 年代），既反映了第二次世界大战以后世界经济恢复带来的经济繁荣与文化繁荣，也反映了全球经济中心与政治中心由老牌帝国主义国家——英国向新兴帝国主义国家——美国的转移。以新古典综合派为代表的经济学理论体系，至今仍然是当代西方经济学的主流经济理论。

在上述近现代经济学的三次革命之后，从 20 世纪 80～90 年代开始出现，并一直延续至今的、对西方主流经济学的"经济人假设"或"理性人假设"的挑战与批判，以行为经济学（behavioral economics）、实验经济学（experimental economics）、演化经济学（evolutionary economics）、计算经济学（computational economics）、神经经济学（neuro economics）为代表的新兴经济学（neo-economics），在此基础上提出了一系列不同于传统经济理论的假设与范式。这一范式的革命与转换具有后现代主义反理性、反分工的鲜明色彩，反映了当代科学技术跨学科融合与跨学科发展的趋势，是人类对启蒙运动以来的科学理性和科学分工进行的全面反思在经济学领域的体现。

当代西方主流经济学是一个逻辑演绎系统，这个系统的前提就是"经济人假设"或"理性人假设"。该假设最早由亚当·斯密在《国富论》中提出，后来经阿尔弗雷德·马歇尔、保罗·萨缪尔森、杰拉德·德布鲁（Gerard Debreu）等的发展，逐步形成了一套严密的、逻辑自洽的公理体系。但是，科学发展的历史和事实表明，逻辑自洽只是科学理论的必要条件而非充分条件，科学理论的充分条件是它提出的假设必须得到可观察、可重复的经验事实的验证，所以当代西方主流经济学还不能算作一门真正的科学。

以行为经济学、实验经济学、演化经济学、计算经济学和神经经济学为代表的新兴经济学在经验实证的基础上对"理性人假设"的质疑与批判，预示着经济学基础理论正在发生深刻的变革与重大创新。

在新兴经济学理论体系的建构中，三大理论假设、三大分析范式和三大技术工具是一个互相关联、互相补充、互相契合的有机结合体，而只有这种有机结合才能构成一个完整的理论框架。

这种有机结合体现在这一理论框架三个层次的内部，尤其体现在三大理论假设和三大分析范式内部各组成要素之间密切的逻辑关系上。

在三大理论假设中，信念、偏好与约束（beliefs、preferences and constraints，BPC）假设是最核心的假设，它既是整个理论体系的逻辑起点，也是整个假设体系的逻辑起点。从三大理论假设内在的演绎关系看，行为博弈假设和演化均衡假设都是 BPC 假设在博弈分析过程中的逻辑延伸与扩展。从 BPC 假设出发的博弈分析，必然建立在多样化行为主体的基础上，而这样的假设就是行为博弈假设。一旦博弈过程不再是同质的最优策略之间的博弈，经典博弈论假设的纳什均衡就将不复存在。因为纳什均衡存在的前提是博弈对手和博弈者都是理性且自利的最大化者；如果博弈者面对的是一个行为多样化的对手，他就无法判断对手的策略，从而也就无法制定自己的最优策略。在此境况下，最佳的策略也许就是学习或模仿，即根据博弈结果来调整自己的行为。根据行为博弈和演化均衡的假设，人们倾向于学习或模仿那些具有更高博弈支付（payoff）的行为。事实上，这一过程与生物学意义上的遗传复制是等价的——学习或模仿支付更高的行为与适应度（fitness）更高的行为者具有更大的繁殖率，其结果都是增加了这一行为在群体中的频率分布。这种频率分布的随机动态变化就是演化，而由此达到的均衡状态就是演化均衡。因此，演化均衡假设是行为博弈假设的逻辑展开，而行为博弈假设又是 BPC 假设的逻辑展开。在三大理论假设中，存在着一种内在的决定与被决定的逻辑关联。

在三大分析范式中，最先观察到的是人的行为，因为行为具有最直观的经验特征。从一个人的行为可以推断他的偏好，甚至可以通过一定的技术手段（如脑成像和脑刺激）观察到他的偏好（偏好的神经基础）。研究者可以根据一个人的行为倾向和偏好结构，提出某个演化论的解释，并通过一定的技术手段（如计算机仿真）来证明这种行为和偏好是人类在特定环境下长期演化的结果。如果从三大分析范式内在的逻辑决定关系来看，上述顺序刚好相反，演化是一个最关键的范式，人类异质性的偏好是复杂系统演化即自然选择内部化的产物，而人类多样化的行为则是人类异质性偏好的外在显示。因此，演化决定了（即内化为）偏好，而偏好则决定了（即显示为）行为。当然，从演化过程的内在机制来看，自然选择是通过行为（它是生物性状的一个重要表现）的突变与适应来发挥作用的。因此，三大分析范式本身是一个有着密切自然关联和逻辑关联的有机整体。

上述有机结合还表现在这一理论框架的三个层次即三大理论假设、三大分析范式和三大技术工具之间密切的逻辑关系上。

首先，在整个理论框架中，三大理论假设是最核心的部分，起到了一种顶层设计的作用。通过 BPC 假设、行为博弈假设和演化均衡假设，新兴经济学才能推衍出不同于传统经济学的三大分析范式——行为、偏好与演化。因此，三大分析范式事实上是三大理论假设逻辑演绎的结果。其次，三大分析范式是对三大理论假设的经验实证，因为只有通过三大分析范式展开一系列具体研究，才能为三大理论假设提供经验证明。最后，三大技术工具在整个理论框架中起到了基础性的支撑作用，它分别为研究行为（相对应的是行为试验）、研究偏好（相对应的是神经试验）和研究演化（相对应的是仿真试验）提供了科学手段。

新兴经济学虽然在理论假设、分析范式和技术工具等方面对传统经济学进行了极大的拓展，但它并没有排斥传统经济学的逻辑体系，而是把传统经济学作为一个特例或子系统包含在自己的理论框架内。新兴经济学并不否认个人具有的自利性，与传统经济学不同的是，新兴经济学家认为个人并非只有自利性，与自利性同时存在的还有人的社会性。因此，在承认一致性公理与个人自利性的前提下，新兴经济学与传统经济学存在着互相包容的交集；而传统经济学不能涵盖的内容，则是新兴经济学对人类社会性的认识与洞见。在这个意义上，可以把传统经济学看作新兴经济学的一个子集或特例。

新兴经济学与传统经济学虽然存在着包容与被包容的关系，但在具体研究对象方面仍然存在着可以辨识的差别，从而体现出二者间的交叉关系。一般而言，传统经济学以人的自利性为研究对象，这种自利性主要体现在人与物的关系上；而新兴经济学以人的社会性为研究对象，这种社会性则主要体现在人与人的关系上。但在传统经济学的研究范围内，也包含着人与人的关系；不过，其前提是人与人之间必须是非零和博弈，且人们的权益能够通过完全契约加以规范的关系；这样，通过传统经济学理性和自利的假设仍然能够进行有效的分析。从另一个角度来看，在新兴经济学的研究范围内，也可以包含人与物的关系；例如，个人决策过程中普遍存在的损失厌恶、后悔厌恶、框架效应、禀赋效应、加权效应、锚定效应、符号效应和参照点效应等，这些由个人心理因素不同造成的异质性决策，恰恰是被传统经济学忽视的异象，是传统经济学的盲点；因此，即便在纯粹的人与物的关系领域内，例如，购买彩票或者存在不确定性的风险投资等领域，新兴经济学的分析仍然大有作为。新兴经济学与传统经济学在研究对象和研究范围上的这种关系就是它们之间的交叉关系。

传统经济学理性假设的缺失，并不在于它是一种方法论意义上的个人主义，而在于它是一种哈耶克意义上的伪个人主义。被新兴经济学重新诠释的方法论个人主义，既不同于传统的原子式的方法论个人主义，也不同于方法论整体主义或集体主义；而是一种哈耶克和米德意义上的、在个人心智中内化和融合了人的社会性的方法论个人主义。这一方法论个人主义对经济学研究的重大意义在于，它把人的社会性作为人类行为与决策的起点而不是终点，从而也是人类行为与决策的原因而不是结果。对于人的自利性，传统经济学有一个似是而非的说法，即制度设计只有以人性的自私和人性之恶为依据，才能真正遏制人性中的负面因素。但在新兴经济学看来，一个为恶棍制定的制度恰恰可能制造出恶棍，因为这一制度没有预见，善可能本身就是人性中一个特定的组成部分，而把人性之恶作为制度设计的前提，产生的效果可能恰恰是挤出了人性中的善之根本。

众智科学的众智网络与仿真方法可以为新兴经济学的深入研究提供模型和方法支撑。

1.6　本章小结

众智网络化应用已经深入生活的方方面面，但是目前仍缺乏有效且合理的众智网络基础理论体系，无法解释各类互联网时代的众智现象背后的内在机理或规律。传统众智的相关研究在研究目标、研究对象、研究方法、研究重点、研究路径上与众智科学需要研究的互联网环境下大规模在线众智网络的众智现象及其行为结果有很大不同，无法直接指导网络化众智型经济社会形态下的众智实践。众智科学与工程的基础理论研究是系统性、综合性、前瞻性的基础研究，必将为创新更多现代服务业及未来网络化众智型经济社会系统，促进网络化经济社会升级转型提供基础理论和技术体系。因此，需要深入探究众智网络的基本原理和运行规律，本书将深入研究众智网络的抽象建模、众智网络基本单位——智能数体的建模技术和众智网络互联的建模技术，并将结合具体应用进行说明。本书力图为众智科学理论的其他相关研究提供模型基础，推动未来网络化众智型经济社会的发展；最大限度地释放和高效利用各类智能，实现众智网络系统的高效运作；有效管控各类智能，使运作更加稳定、不发生突发性灾难；合力提升各类智能的智能水平，持续提高创新活力。

本书的结构安排为第 1 章介绍众智网络引论，阐述建立众智网络的必要性，并归纳总结传统群智的相关研究；第 2 章定义万物互联的众智网络，并提出本书的研究重点；第 3 章总结众智网络建模技术；第 4 章描述众智网络智能数体建模；第 5 章描述众智网络互联建模；第 6 章描述众智网络在智能政务、电子商务、医疗健康、智慧教育、智慧农业领域的应用；第 7 章介绍众智网络未来展望。

第 2 章　万物互联的众智网络

　　大数据、AI 不断提升人、机器及物体的智能，互联网、物联网、云计算不断增强人、企业、政府等机构、智能机器人、智能物体之间的联结深度、广度和方式。与传统的众智现象相比，网络环境下的众智现象不仅规模大、联系紧密，而且逐步呈现出万物互联的网络化众智型经济社会形态（图 2-1）。

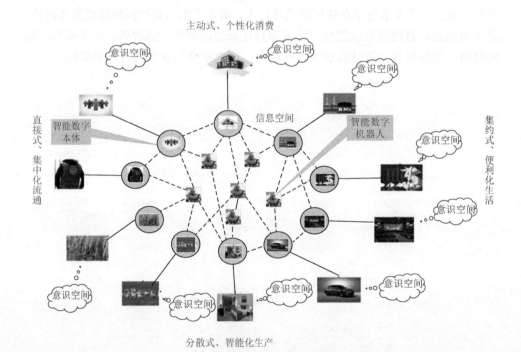

图 2-1　万物互联的网络化众智型经济社会形态

　　万物互联的网络化众智型经济社会形态如图 2-1 所示，万物通过网络互联、智能搜索、互动交互、交易撮合等操作（借助智能软件算法）实现精准、适时、动态互联，并产生各类相互作用的行为，呈现出主动式、个性化消费，直接式、集中化流通，分散式、智能化生产，集约式、便利化生活的显著特征，形成万物互联的网络化众智型经济社会形态，预示着人类已经进入了众智互联的众智网络时代。

如图 2-2 所示，物理空间（physical space）的自然人、企业、政府部门等组织、各类物品与智能装备，随着大数据技术和智能技术的普及应用，变得越发智能，将物理空间的这些自然人、企业、组织和物品与智能装备称为智能主体（intelligent subject）。借助网络技术，众多智能主体连同其各自意识空间（psychological space）的思想能够被统一映射到信息空间（cyber space）中各自的镜像，称这些智能主体映射到信息空间的镜像为智能数体（digital-self）。这些信息空间的智能数体实时反映出物理空间智能主体的行为及其各自的心理意识，通过网络互联、智能搜索、互动交互、交易撮合等操作（借助智能软件算法）实现精准、适时、动态互联，并能产生各类相互作用的行为，这样就形成了万物互联的众智网络。

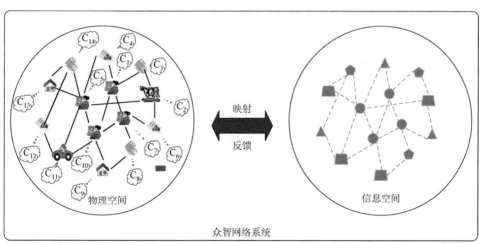

图 2-2　信息-物理-意识三元融合的众智网络及其映射关系

2.1　众智网络的定义

2.1.1　智能主体与智能数体

智能数体是众智网络的重要组成单元，是智能主体及其意识在信息空间的映射。本节将明确定义智能数体，还将明确众智网络中的几个重要概念，以便增强对众智科学后续研究内容的理解。在众智科学中，什么是众智？什么是智能主体？什么是智能数体？

互联网网络环境中的智能现象不仅规模庞大，而且深度互联、广泛互联且形式多样，海量的各类智能存在于个人、企业、政府机构、智能物品等异构智能实体中。现实世界的任何协作都可以看作广义的交易，这些海量的异构智能实体的智能可以组合起来，通过供需视角的协作完成交易，实现一个目标或完成一个任务。把这种网络环境下海量的异构智能实体协作的智能称为众智智能（crowd intelligence，CrowdIntell），简称众智。

在众智环境中，物理空间中的个人、企业、机构和智能物品这四类智能实体称为智能主体。在众智网络中，物理空间中的智能主体连同其在意识空间中的意识统一映射到信息空间中，形成智能数体。智能数体与智能主体借助网络实现映射和反馈，通过交流、交互、合作、博弈，最终协助智能主体做出决策。智能数体不仅描述了智能主体的静态属性信息和行为信息，而且进一步描述了智能主体的意识，反映了网络中智能数体是智能主体的完全映射的特征。

智能数体不同于数字孪生的虚体，数字孪生是指物联网、工业 4.0、先进制造等领域的实际制造过程和产品静态状态的数字虚拟化，它在本质上实现了智能物品及制造企业从物理空间到信息空间的映射，数字孪生系统中的虚体缺乏对物理实体的意识和心智的刻画。同时，智能数体也不同于传统的智能体，一方面传统的智能体建模方法难以刻画出智能数体的心智；另一方面无论是反应型智能体、思考型智能体还是混合型智能体，都无法协调处理好应对环境及自身行动的关系，或者缺乏动态性、不够灵活，或者目标单一而无法完成复杂任务。

2.1.2　众智网络

众智网络（CrowdIntell network 或 the network of CrowdIntell）是指物理空间的众多智能主体，以及各自意识空间的思想，一一映射到信息空间的智能数体，并互联形成的自组织生态化复杂网络，能够支持智能数体之间的各种智能交易行为和生态位结构。众智网络是信息空间、物理空间和意识空间三元融合、深度叠加的空间。信息空间为不同智能主体在物理空间上的连接提供了更多的可能性，扩展了连接的深度、广度和模式，有利于智能数体与智能主体进行深度的交互与协作。

众智网络中的智能是 AI 和人类智能的结合，智能主体具有专业技能和综合技能，这些反映了智能主体的能力，体现在众智网络中即智能。同时，除智能物品外,所有的智能主体都有心理过程和心理倾向(智能数体在信息空间中具备同等的倾向),称为心理过程和心理倾向意识。智能主体的智能反映了主体的能力,智能主体的意识可以引导主体的行为,在众智网络中,物理空间中的人、企业、机构、智能物品等智能主体都具有智能,人、企业、机构等智能主体都具有意识,投射到信息空间后,智能数体也具有与自身智能主体相同的智能和心智,众智网络信息空间中的智能数体受到意识空间投射的心智和智能数体自身记录的心智影响,通过复杂的博弈过程进行决策。智能数体的决策将反馈给智能主体,帮助智能主体做出更好的选择。在这一过程中,智能主体的智能水平将得到提高。在众智网络中,智能物品的智能数体具备智能,但没有心智,其心智依附于支配它的智能数体或与其协作的智能数体。例如,自动引导车(automated guided vehicle,AGV)可以沿着规定的路径行驶,并按照预先设定的程序完成运输工作,它具备运输能力,是一种专业智能,但是不能思考,所以不具备心智。有一种特殊情况是,当智能物品的智能数体参与其他智能数体的闭环控制或者依附于其他三类智能数体时,可能会具备相似的心智,但本质上是其他三类智能数体心智的转移,智能物品自身是不具备心智和意识的。

2.2　众智网络的特性

2.2.1　众智网络具有复杂巨系统特征

众智网络是一个规模巨大且结构复杂的系统。其特点是系统不仅规模巨大,属巨系统范畴,而且智能数体种类繁多,本质各异,相互关系复杂多变,存在多重宏观、微观层次,不同层次之间关联复杂,作用机制不清,因而不可能通过简单的统计综合方法从微观描述推断其宏观行为。众智网络系统的功能和行为不是各子系统功能和行为的简单叠加或复合,呈现出复杂巨系统特征。

2.2.2　众智网络系统是现代服务业及未来网络化众智型经济社会的主要形态

众智网络是未来万物互联的网络化众智型经济社会形态的基础,以众智网络系统为支撑,各类智能主体能够建立连接,并通过智能搜索、互动交互、交易撮合等操作,实现精准的动态互联,产生各类相互作用的行为和交易,使人们的生活呈现出主动式、个性化消费,直接式、集中化流通,分散式、智能化生产,集约式、便利化生活的特征,推动社会服务尤其是现代服务业的升级。

2.2.3 众智网络具有三元融合、深度叠加特性

众智网络是信息空间、物理空间、意识空间三元融合、深度叠加的空间，实现了智能主体的深度互联、广度互联，扩展了智能主体间的连接方式。

在信息-物理-意识三元融合的众智网络（cyber-physical-psychological ternary fusion CrowdIntell network）中，信息空间是数据特征存储、修改和交换的空间，它为信息的交换提供了媒介，物理空间和意识空间都来自现实世界，同时，物理空间中的智能主体及其在意识空间中的意识以智能数体的形式映射到众智网络的信息空间中。

1. 信息空间

信息空间是由网络系统和相关的物理基础设施构成的一个数字化空间，通过网络系统和相关的物理基础设施用电子和电磁频谱来存储、修改和交换数据。信息空间是众智网络实现互联的基础，为不同智能主体在物理空间的联系提供了更多的可能性，并扩展了他们之间的联系。借助信息空间，智能主体之间联系的深度、广度不断拓展，模式更加多样，映射到信息空间中，智能数体的连接深度、广度同样得以扩展，模式也更加多样。同时，信息空间也是众智网络的载体，一方面，众智网络中的数据和信息需要通过互联网或物联网技术进行存储和交换，而互联网、物联网等技术是信息空间的基础技术；另一方面，智能主体和智能数体都需要借助信息空间的连接进行映射、反馈和交互。

2. 物理空间

物理空间中存在海量的异质异构的智能主体，如个人、企业、机构、智能物品等，这些智能主体都具有智能，智能主体的智能反映了自身的能力及其为其他智能主体提供帮助的能力。同时，每一个智能主体都会有各种需求，包括有形的物质需求、无形的精神需求等，这些需求得到满足会使智能主体得以发展和演化，相应地，物理空间中的智能主体也都具备供给能力，包括有形的物质供给、能量供给及一些无形的供给，如服务、技能等。在物理空间中，智能主体并不是孤立的，他们之间需要相互协作，因此他们之间存在着许多联系，如朋友关系、血缘联系、商业联系、政务联系等。

因此，在物理空间中，智能主体的特征可以从四个方面来描述：①我是谁，即对智能主体身份的标识和描述；②我的供给，即智能主体的供给能力与实际供给；③我的需求，即智能主体为满足生存、学习和演化需要的东西；④我的交互圈，即智能主体的各类社交交互和交易关系。简言之，智能主体可以用一个四元

组表示，智能主体 = ＜我是谁，我的供给，我的需求，我的交互圈＞，而这四部分又可以划分为更加细致的元组，这样便为智能数体的结构化建模提供了理论基础，使智能主体和智能数体能够在映射时统一起来，智能数体的结构建模将在第 4 章讨论。

3. 意识空间

在未来万物互联的众智型经济社会中，相比传统的智能体决策，智能数体需要更加真实地反映智能主体的特征，其所有的决策和行为都受到意识和思维的影响。众智网络的目标是确保智能主体在意识的影响下，能够相互作用、相互合作、共同进化，避免负面和突发性破坏事件的发生。智能主体的意识是复杂多样的。假设一个张三买牛奶的交易场景，在当前的电商环境下，仍需要张三通过电子商务软件，根据自己的偏好、兴趣、购买时的情绪、对牛奶知识的认知等，人工辅助下单，在此过程中，人占主导性地位且需要参与各种复杂的决策过程；然而在未来的商务众智交易中，张三在决定购买牛奶的过程中，仅需提出买牛奶的需求，在此决策过程中需要考虑的心理因素有偏好、工作记忆、认知、情绪等，这些存在于意识空间的心智已经完全被映射到智能数体并存储下来，辅助张三的智能数体模拟在张三心智指导下的自主决策过程，如最终完成牛奶的推荐为盒装（偏好）伊利（品牌认知）酸奶（口味偏好），张三的智能数体将推荐结果反馈给张三，张三若觉得可以，便可直接下单，这一过程使张三的智能主体被解放出来。不仅是个人，企业和机构等智能主体也都具有企业开放、企业创新、社会责任等意识和心智，所有这些心智特征都会影响不同智能数体之间的交互、协作和进化。因此，意识空间中智能主体的意识在决策过程中是至关重要的，意识空间同样是信息-物理-意识三元融合的众智网络的重要维度，要全面、真实、正确、同步地把智能主体的意识投射到网络中。

2.2.4　众智网络呈现混沌与分形特征

众智网络是一类复杂的混沌系统，智能主体之间行为互动的博弈过程是这个混沌系统的动态演化过程，具有稳定与突变、有序与无序、确定与随机、自组织与他组织、可知与不可知、可控与不可控的对立统一特性。特定的博弈结果实质上是系统演化的方向和结局中的某个或某些奇异吸引子，众智的最优状态是系统处于混沌边缘的状态。

众智网络呈现分形与自组织的特征。众智网络是一个去中心化的系统，去中心化并不是没有中心，而是任何个人、企业、机构均为某种意义和程度上的中心。不同于目前平台处于中心地位，用户通过注册、登录平台建立服务与被服务的交易关系，众智网络系统将所有个人、企业和机构等智能主体均视为地位平等的互为服务的交易关系，均处于中心地位，符合互联网自组织、生态化的体系特征。在交易时，各类智能数体能够自组织成为众智网络系统，众智网络系统又能与智能数体个体或其他众智网络系统形成新的、更大的众智网络，即呈现分形的特征，众智网络是自组织、生态化、可持续创新、可控的网络系统。

2.2.5　众智网络具有可计算性和可演化性

众智网络的智能是可计算的，智能数体的个体智能是可度量的，众多智能数体互联形成的众智网络的智能也是可度量的，智能之间相互作用与影响的机理是有规律可循的。众智网络的智能的度量方法能够评价个体和群体的智能高低，为评价个体和群体的创新潜能提供依据，进一步提升众智网络的交易效率。

众智网络的智能是可演化的。智能数体的智能水平会随着交互不断进行演化，可能发生智能水平的提升（即智能进化），或智能水平的下降（即智能退化）。众智网络的主要目标是：①最大限度地释放和高效利用各类智能，实现众智网络系统的高效运作；②有效管控各类智能，使系统运转更加稳定，不发生突发性灾难；③合力提升各类智能的智能水平，持续提高创新活力。

2.2.6　众智网络具有异质异构性

与传统 SI 不同，众智网络面向国家重大战略需求，解决未来网络化众智型经济社会的基本问题，是在互联网、大数据环境下，以在线深度互联的大规模个人、企业、机构及智能物品等智能体协同运作为主要研究对象，在同质同构智能体研究的基础上，开展的大规模异质异构智能体研究。目前，众智网络的研究侧重点是在优化算法研究的基础上，进行大规模异质异构智能体的协同运作的基本概念、原理、方法与规律的探索。

2.3　众智网络的应用

人类正在进入众智互联的众智网络时代，未来社会将呈现出万物互联的网络化众智型经济社会形态，也将会是现代服务业的发展趋势。

在互联网技术的推动下，传统的外包活动转型升级为跨地域、跨时区的网络众包，由局部范围的数十人以内的经济、设计、金融等协作演化为时空无限的数万人群之间的经济、设计、金融等协作。在未来，不仅经济社会活动将是网络化、人数众多、无时空限制的，而且社会公共事务讨论、政府公共事务治理等活动也会是网络化、全程在线、全社会共同参与的。围绕众智网络的一切交互都是交易的实质，众智网络催生的新型交易模式将会影响各个行业，在现代服务业的多个领域，众智网络化特征将更加明显，并在商业、医疗、社会治理、政务服务等多领域得到体现。

1. 新型商业模式及管理方式

以众智网络为支撑，基于网络的众包、众筹、众创，平台+个体（小群体）的企业组织结构、管理方式、经营策略等会产生变化，个体的供给和需求在众智网络中将会展现得淋漓尽致，以众智网络中的个体或自组织形成的众智网络群体为单位的供需匹配将不再依赖传统的中心化平台，能够更加高效地完成协作。未来的众包模式将可能是任何人都可成为任务或需求的发起方，当任务或需求产生时，众智网络中具有相关供给能力的智能主体将主动进行供需匹配，由于众智网络是深度互联、广度互联的，供需匹配及多方供给的协作将会更加精准、高效，大大降低需求方任务的成本，并提高任务完成的效率。

众智网络也会促进电子商务模式的发展和升级，顾客、店主等自然人，电商卖家、物流公司等企业，国家市场监督管理总局等政府机构，交易物品等借助网络实现深度互联。在未来电商场景中，买卖双方深度互联，都具备供给和需求，对商家来说，其货物与服务是供给，其对产品服务的提升和自身盈利是他的需求；对顾客来说，其对商品的评价能够促进商家营销策略的改进，这是顾客的供给，顾客对商品的需求是其自身的需求。买卖双方自动匹配并协作完成订单的生产、交付与售后服务等工作，极大地降低企业生产成本，提高资源利用率，做到有序管理和监督电商平台，降低全网功耗，使整个电子商务众智网络有序稳定运行。

2. 新型医养健康产业

在未来众智化医养健康场景中，患者、医务人员等自然人，医院、社区门诊、药店及互联网医院、保险公司等企事业单位，医保管理机构、国家卫生健康委等卫生健康管理服务机构，智能医疗器械、智能健康设备等智能物品借助网络技术实现深度互联和广度互联，通过众协作完成供需匹配，实现居民医疗诊疗、医疗救治、居民健康管理、医保产品规划与定价等众智化的交易撮合，降低社会医养服务的资源消耗，提升医养健康系统的服务水平和智能水平。未来，从医疗诊断到治疗、到医疗支付与结算、再到报销，以及国家医保监管和医保政策的调整都将通过深度互联的众智网络高效完成。

3. 新型社会治理措施

众智网络促进了社会治理重大问题的全民讨论与解决方案选择方式的变革，

由于众智网络是深度互联和广度互联的，参与社会治理的个体之间的了解将会更加深入，通过网络化的选举、政策讨论等方式，全民参与社会治理的成本将会大大降低，无论是大型全面选举还是投票，都能够实现集"众"的智慧，使全民决策更加合理，充分发挥全民的众智水平，在相关措施的合理引导下，实现全民众智水平的有效提升，进而制定出更加高效、合理的社会问题治理方案和解决方案。

4. 新型政务服务

在未来社会的政务服务中，数字化服务能力与精细化治理能力更为紧迫，尤其是数字化政务的需求更为明显，如无接触政务将推动人、物、空间的深度数字化，无接触政务绝不是一网通办或不见面审批的别称，无接触政务的目标将是数字孪生政务，即实现数字空间与现实空间在权力、业务、流程、体验等要素中的映射与衔接，众智网络即可实现该目标。在智慧政务众智网络中，各类参与主体通过网络技术实现深度互联和广度互联，通过智能数体的协作，优化业务流程，降低运营成本，提升协同效率并建立可信服务体系，达到智慧政务的愿景。未来，在政务服务活动中，通过可信技术保证智能数体的数据安全共享，促进业务流程优化，提升各政府部门的协作效率，在为民服务过程中减少居民和企业的成本，提升用户满意度。

第3章 众智网络建模技术

众智网络是虚实结合，信息、物理、意识三元融合的深度互联网络模型，既包含现实世界的人、企业、机构、智能物品这些智能主体等实体数据，又包含这些智能主体在信息空间的数体镜像等智能数体，智能主体与智能数体之间、不同智能数体之间都存在广泛、深入的联系，通过海量的异质异构智能主体、智能数体的众协作，完成众智网络中的交易撮合。此外，与传统的信息空间建模技术相比，众智网络中研究对象的独特之处是其具备丰富的心智和意识，会影响其决策过程。

因此，探究众智网络首先要建立完备的众智网络智能数体的心智模型和互联模型。众智网络建模的目的是以信息、物理、意识三元融合的众智网络为研究对象，为众智网络智能数体构建心智模型和互联模型，形成众智网络建模与互联的基础理论，实现将物理空间的智能主体及其意识空间的思想，全面、真实、准确、同步地映射到众智网络中，并实现智能数体之间的精准互联。心智模型的建立将为研究众智科学的基本原理提供形式化表达，也为研究众智网络的结构演化和鲁棒性、智能交易理论、理论仿真和试验平台建设提供模型基础。本章将详细研究物理世界中的智能主体及其意识空间的思想，以及智能主体间的互联关系到众智网络中智能数体的全面、真实、准确、同步映射问题；实现众智网络智能数体间的精准、深度互联，提供可行的高精准供需匹配、全网低功耗，实现智能搜索和快速搜索。

与众智网络相关或相近的建模技术有很多，为研究提供了理论参考。20 世纪 70 年代以来，开展现实物理世界的信息化数字建模研究已经有数十年，最初是使用简单的、自治的代理模拟现实世界的软件，后来使用代理模拟现实世界的系统、组织、生命体等，还有元胞自动机等的模拟性工具的研究都体现出了数字建模的雏形。对于代理的研究，包括但不限于利用代理技术实现多对象协作任务并行，利用代理技术开发分布式交互仿真环境，基于代理的建模与仿真技术都为现实世界和信息空间的结合提供了工具。进一步地，又延伸出对复杂适应系统（complex adaptive system，CAS）[72, 73] 的研究，CAS 是适应性主体的相互作用、共同演化而层层涌现出来的系统，其主要特征为基于适应性主体、共同演化、趋向混沌的边缘、产生涌现现象。CAS 理论广泛应用于经济和管理领域，也是信息化建模的一个重要研究领域。

进入 21 世纪后，随着互联网、物联网及大数据、机器学习等技术的不断发展，又逐步衍生出信息物理系统（cyber-physical system，CPS）[74]、信息物理社会（cyber-physical society）[75]等多元空间的融合研究，将信息空间与现实世界的人、机、物进行融合，环境、信息等各类要素相互映射、实时交互，得到高效协同的复杂智能系统。

　　近些年来，数字化建模技术在工业与城市建设方面得到了飞速的发展，尤其以数字孪生[76]和平行系统[77]等为代表的数字化虚实结合建模技术吸引了工业界和学术界的广泛关注。数字孪生和平行系统都为解决信息、物理、社会融合这一科学问题提供了新的解决思路，其核心目标都可以归纳为虚实融合、以虚控实，为信息空间和物理空间的融合提供了有力的支持，尤其是数字孪生技术，建立了完整的信息空间智能数体建模技术理论和体系，在工业生产的应用中取得了巨大的成功。

　　上述技术都对众智网络智能数体的建模研究具有一定的指导意义，本章将简要概述上述相关技术的研究与应用，作为智能数体建模技术的相关参考。

3.1　智能体及多智能体系统建模

3.1.1　智能体建模

1. 智能体的定义

　　关于智能体（agent）的定义，不同的研究者根据自己的研究背景和研究领域提出了不同的研究观点和看法，不同的学者将 agent 翻译为智能体、智能代理、代理等，在以下研究和描述中，如无特殊说明，所写的 agent 均指智能体。智能体的研究可以追溯到对 AI 的早期研究。1977 年，Hewitt 提出的并行参与者模型（concurrent actor model）是最早的智能体系统，他提出一个自封装、交互型的、并行执行的对象，称为参与者。每个参与者都有它的内部状态，并能够对来自其他参与者的信息做出反应，这被认为是智能体的雏形。AI 泰斗马文·明斯基在 1986 年出版的 *Society of Mind*（《心智社会》）中首次提出了智能体，将智能体描述为实现人类智能的基本模块，认为社会中的某些个体经过协商可求得问题的解，这个个体即智能体。它用来描述具有自适应、自治能力的硬件、软件或其他实体，其目标是认识与模拟人类智能行为。大多数研究者普遍接受这样一种说法，将智能体看成作用于某一特定环境，具有一定生命周期的计算实体，它具有自身的特性，能够感知周围的环境，自治地运行，并能够影响和改变环境。

　　Russell 和 Norvig[78]认为，智能体是任何能通过传感器感知环境并通过执行器对环境做出反应的东西；Maes[79]对智能体的定义是，智能体是在复杂动态环境中能自治地感知环境并能自治地通过动作作用于环境，从而实现其被赋予的任务或目标的计算系统；Wooldridge 和 Jennings[80]总结之后提出智能体是处在复杂计算环境中的计算机软件或硬件系统，该系统有能力在此环境中自主行动以实现其设计目标，该系统需要满足自治性、反应性、能动性，并具有社交能力。Wooldridge 和 Jennings 给出了智能体的强定义和弱定义，弱定义的智能体用来最一般地说明一个软、硬件系统应具有四个特性：①自治性，在无人或其他系统的直接干预下可自主操作，并能控制其行为和内部状态；②社交性，能够通过某种通信语言与其他智能体（也可能是人）进行交互；③反应性，感知所处的环境，对环境的变化做出实时的反应，并可通过行为改变环境；④能动性，不仅简单地对环境做出反应，而且可以主动地表现出目标驱动的行为。强定义的智能体除具备弱定义中的所有特性外，还应具备一些人类才具有的特性，如知识、信念、义务、意图等。

关于包含信念和意图等的智能体模型，1987 年，Bratman 提出一种描述智能体基本特性的信念-愿望-意图（belief-desire-intention，BDI）模型，他认为一个智能体包含三种基本状态，即信念、愿望和意图[81]，分别代表其拥有的知识、能力和要达到的目标。所有智能体的自主行为都基于它的三种基本状态并通过与环境之间及智能体相互之间的交互来完成，一个能够感知环境并反作用于环境的物理或虚拟的实体都可以看作智能体。

综上，一般认为智能体应该具有自治性、反应性、能动性和社交性四个基本特征。自治性是指智能体的运行不受人或其他智能体的直接干预，它根据自身的知识内部状态和对外部环境的感知来控制自身的动作和行为；反应性是指智能体能够及时感知环境的变化，做出相应的反应动作；能动性是指智能体不仅能简单地对环境做出反应，而且可以主动地表现出目标驱动的行为；社交性是指智能体可以通过某种智能体语言与其他智能体进行交互和通信。此外，有的研究人员在研究智能体的相关理论时认为智能体还具有以下特性：适应性，指智能体能够根据知识库中的事实和规则进行推理，具有学习或自适应的能力；目标导向性，指智能体能够为实现一定的目标而规划自身行为；移动性，指智能体能够跨平台运行。

智能体的基本特征主要表现在它的智能性和代理能力上，智能性是指应用系统使用推理、学习和其他技术，来分析、解释它接触过的或刚提供给它的各种信息和知识的能力；代理能力指智能体能感知外界发生的变化，并根据自己具有的知识自动做出反应。

2. 智能体基本模型

智能体的模型在不同应用场景下不尽相同，其中被研究者广泛认同和使用的主要有反应型智能体、慎思型/思考型智能体、综合型/混合型智能体[82]。

1）反应型智能体

反应型智能体是一种对当时处境具备实时反应能力的智能体，图 3-1 是反应型智能体的基本结构。

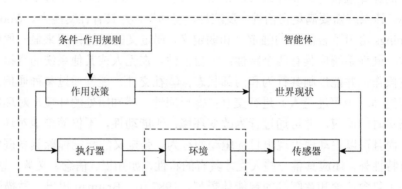

图 3-1　反应型智能体

反应型智能体的基本思想是，认为智能是不需要表示和逻辑推理的，也不需要知识，对人类智能进行符号层次的抽象建模不应该太复杂，应该致力于智能的最初实现。因此，反应型智能体就是基于上述思想设计的，其内部不依赖任何符号表示，直接根据外部环境的输入产生相应的输出，在智能体感知到输入以后，其内部会基于规则（rule-based）进行驱动，对输入数据进行信息融合，然后基于规则进行简单的行为决策，并对外做出反馈，反应型智能体中的要素包括环境、传感器、条件-作用规则和执行器。

2）慎思型/思考型智能体

慎思型/思考型智能体比反应型智能体更加复杂，具有人类的思维，如信念、愿望和意图等，在其内部通过一定形式的符号推理，并通过记忆修正来实现反馈，对外部环境做出反应，慎思型/思考型智能体的基本结构如图 3-2 所示。在反应型智能体的基础上，慎思型/思考型智能体可能会拥有知识库、目标（信念、愿望、意图）等模块，用于规划智能体的行为和决策动作。

3）综合型/混合型智能体

反应型智能体能够对环境快速做出反应，但是由于缺乏知识和推理，仅适用于简单的任务，并且反应型智能体的效率在很大程度上依赖规则的设计，也决定了其自身难以处理复杂的问题。慎思型/思考型智能体比反应型智能体复杂一些，加入了信念、愿望和意图等，在其内部通过一定形式的符号推理，并通过记忆修正来对外部环境做出反应，具有一定的推理能力，能够解决相对较简单的复杂任务，但是在面对简单任务时，如果基于意图、信念等进行推理，大量简单任务的

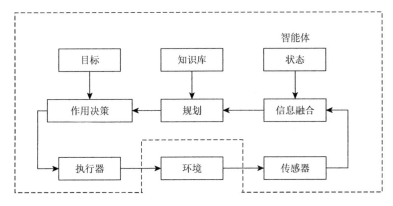

图 3-2　慎思型/思考型智能体

处理会耗费相当大的时间成本，所以慎思型/思考型智能体不适合解决简单任务。因此，研究者结合反应型智能体和慎思型/思考型智能体的优点，形成优势互补，提出了综合型/混合型智能体，基本框架如图 3-3 所示。

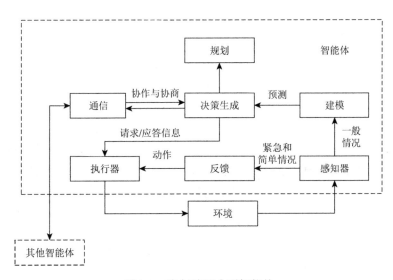

图 3-3　综合型/混合型智能体

　　综合型/混合型智能体主要包括感知器、执行器，以及决策生成、通信、反馈等功能模块。一般来说，感知器接收到环境输入，进行初步判断，对于紧急和简单情况，可以通过规则推理直接反馈到执行器，执行器做出反应，和外界环境进行交互；对于一般情况，如一些复杂任务，难以通过规则方式直接运行，此时，智能体将参考慎思型/思考型智能体的执行过程，通过内部的信念、意图等来指导和规划决策过程，并不断反馈修正，然后做出决策并通过执行器对外执行。通常，智能体不是孤立的，在群体环境中还需要与外界进行通信，不断更新信息，这部分也会对智能体自身的决策产生影响。

4）智能体的其他通用结构

关于智能体的基本结构模型，Russell 和 Norvig[78]从智能体能感知环境并作用于环境实体的视角出发，定义了智能体的结构，分为四种类型：简单反应式智能体结构、内置状态的反应式智能体结构、目标驱动的智能体结构和效用驱动的智能体结构。

简单反应式智能体结构如图 3-4 所示，智能体用它的感应器感知环境，并建立关于环境当前状态的描述，然后利用基于规则的知识，采取合适的动作应对环境的改变。基于规则的知识包括一组简单的条件-动作规则，因此，这种结构的智能体反应迅速。

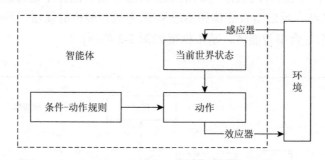

图 3-4 简单反应式智能体结构

内置状态的反应式智能体结构如图 3-5 所示，智能体通过对环境的感知和自己以前的内部状态，建立关于环境当前状态的描述，智能体通过两种方法连续地更新自己的内部状态：一种是维护环境发展变化的记录，另一种是评价自己作用于环境的行为结果。

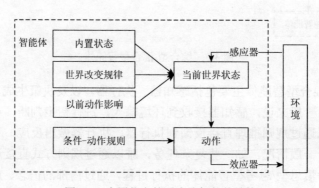

图 3-5 内置状态的反应式智能体结构

目标驱动的智能体结构如图 3-6 所示，智能体根据对环境的感知和自己以前的内部状态，建立关于环境当前状态的描述，目标驱动的智能体结构与简单反应式智能体结构及内置状态的反应式智能体结构的差别主要是其具有目标，这些目标是智能体想要达到的状态。为了实现这些目标，智能体在决策时会进行一些搜索和规划。这种决策制定机制不同于上述的条件-动作规则机制，为了制定正确的行动策略，目标驱动的智能体结构通常关注"那样做将会发生什么"和"如何才能实现自己的目标"，这种结构比简单反应式智能体结构和内置状态的反应式智能体结构更能适应新的环境。

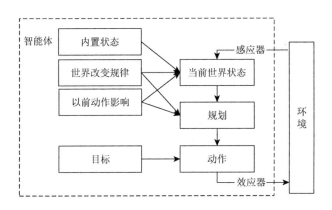

图 3-6　目标驱动的智能体结构

效用驱动的智能体结构如图 3-7 所示，效用驱动的智能体结构就是目标驱动的智能体结构使用效用函数来评价自己的目标，这种结构相比于目标驱动的智能体结构有两个优势：第一，当存在冲突的目标，并且这些目标只有其中一些能被实现时，效用函数可以帮助描述这些目标的替代效用；第二，当有不止一个目标的时候，智能体不能确定它能够完成哪一个，效用函数能够帮助智能体确定其实现某个目标的价值，例如，效用函数可以设计为一个目标实现的可能性对于该目标重要性的权重，即目标实现的价值 $= \dfrac{目标实现的可能性}{目标的重要性}$。此外，效用函数能够帮助智能体制定一个理性的决策。

尽管智能体的模型在不同研究领域不尽相同，但是各种模型都可以由上述的基本模型演化或者改进得到，此外，对于具有信念、愿望、意图的智能体模型的研究，BDI 模型已被研究者广泛认可。

5）一种特殊智能体模型——BDI 模型

面向智能体的系统具有越来越广泛的应用价值，在理性智能体的形式化过程

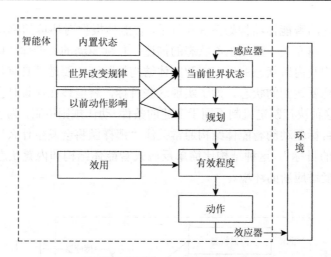

图 3-7　效用驱动的智能体结构

中，通常认为智能体的思维状态包括信念、愿望和意图这三个属性，因此 BDI 模型一直是智能体建模研究的重点，BDI 模型的基本结构如图 3-8 所示。

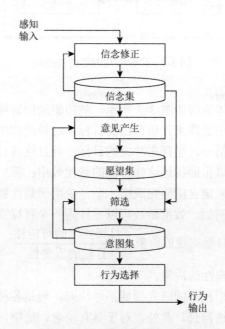

图 3-8　BDI 模型的基本结构

信念是一个包括与世界相关的信念、与其他智能体思维趋向相关的信念和自我信念的集合。信念是智能体对世界的认知，包含描述环境特性的数据和描述自身功能的数据，是智能体进行思维活动的基础。

愿望是智能体的最初动机，是其希望达到的状态或希望保持的状态的集合。智能体希望达到的状态可以激发系统的规划和行动，智能体可以拥有互不相容的愿望，而且也不需要相信它的愿望是绝对可以实现的。

意图是从承诺实现的愿望中选取的当前最需要完成或者最适合完成的一个，是当前智能体正在实现的目标，它属于思维状态的意向方向。当前意图对智能体的当前动作具有指导性的作用。

李斌等[83]结合 BDI 模型和情境演算的优点，提出了能够刻画智能体的多种特征，尤其是自主性的智能体结构——基于情景演算的智能体结构（agent architecture based on situation calculus，AASC），既能表示智能体的信念、目标、策略等心智状态，又能进行行动推理和规划，为解释智能体的自主性、建构不同类型的智能体提供了统一的平台。

3. 智能体的应用——建模与仿真

基于智能体的建模与仿真（agent-based modeling and simulation，ABMS）方法能够将复杂系统中个体的微观行为与系统的整体属性——宏观"涌现性"有机地结合起来，是复杂系统分析研究的方法论。

ABMS 方法将复杂系统中的组成实体按照智能体的思想或者方式来建模，并通过自底向上的方式逐步构建整个系统，通过对智能体的自主行为及其之间的交互关系、社会性的刻画与描述，构建微观到宏观的联系，进而得到整个系统的行为表现。ABMS 方法是一种自顶向下分析、自底向上综合的有效建模与仿真方法，它继承了面向对象建模的一般形式和所有优点，并且由于建模基本元素具有更高的主动性、自治性和智能性，这种建模方法能够实现更加复杂、传统方法无法完成的仿真建模分析，如对人类的学习、合作、协商等行为的仿真，对自然、生态中的演化行为的仿真等[84-86]。

ABMS 方法是研究复杂系统的有效途径和建模仿真方法，已经成为系统仿真领域的一个新的研究方向，被广泛应用于电子商务、军事仿真、政府财政管理、企业管理等领域。

智能体技术应用于电子商务可以为用户和商家提供资源智能发现、网上虚拟市场交易等一系列个性化服务。基于智能体技术的电子商务平台不但可以为商业主体提供在互联网上搜索所需商品的智能技术，而且可以创造出独立于交易双方的调控方法来全面管理线上交易，从而有效缩短和节省了交易消耗的时间和精力，同时也提供了很好的安全性保障机制。

网络消费者行为模型的建立能够揭示消费者购买过程中的动态变化，文献[87]

中的研究应用 ABMS 方法研究了网站促销条件下消费者的购买行为特性,结合实证研究和智能体仿真模拟两种方法,对网络购物环境下的消费者行为进行研究。在网络消费者行为模型架构设计的基础上,构建了消费者模型、网站模型及情境模型,以问卷调查所获信息为数据基础,设计了消费者的偏好规则及购买决策规则,以此构建了分析不同促销策略、促销情境下不同消费者购买决策行为的智能体仿真模型;以购买概率为最终决策依据,研究了网站促销策略、促销情境及商品种类的不同而导致具有不同个性及人口统计特征的消费者主体的购买决策差别,从而表现出不同购买行为。网络消费者行为模型的建立有效地揭示了消费者购买过程中的动态变化,通过对模型运行结果的分析,得出基于消费者个人特征的消费行为特征及在不同情境下消费者的行为特点。通过仿真验证了该模型可通过消费者购买行为的涌现现象来分析、预测不同情境下不同促销策略的影响效果。

廖守亿等[88]阐述了 ABMS 的原理(简单规则导致复杂的行为)与研究步骤,总结了 ABMS 的主要应用领域,包括经济领域、社会科学领域和军事领域,概述了 ABMS 的软件开发平台和工具包,并给出了 ABMS 的开发方法。

政府财政经济行为作为社会金融系统的重要组成部分,也是一个典型的复杂系统。随着金融创新产品的不断推出,社会金融系统呈现出复杂性、非线性和自组织等特点。由于复杂系统涉及的因素众多、相互关系复杂,直接用数学方法难以对这些复杂行为进行描述和分析。计算机技术的不断发展使基于复杂适应系统的多主体仿真研究成为研究复杂系统的一个重要分支。文献[89]采用基于智能体的计算机仿真建模方法,以政府为研究对象,构建了以政府为主的多层级、多部门的财政资金流动仿真模型,完善了已有的金融网络仿真模型,并在此基础上对中国政府各层级、各部门的财政收支行为进行仿真系统的设计与开发,从而达到通过模拟大量微观主体的经济行为来仿真实现宏观经济现象的目的,为进一步的多主体经济仿真研究提供了一定的经验参考与技术支持。首先,基于对财政收支理论及我国政府间财政关系的研究分析,建立了包括中央、省、县在内的三级财政体系,并对各级政府进行了部门划分,选取了和家庭、企业等主体关系最为紧密的财政部门、人力资源和社会保障部门及教育部门三个部门作为建模对象;其次,对政府部门智能体进行了详细的事件表和规则库的设计,同时对政府部门智能体之间的资金交互行为进行了分析设计,进而构建了较为完整的政府智能体仿真模型;最后,设计了多主体仿真系统框架,对与政府部门智能体有资金交互行为的企业、家庭和银行三类智能体进行了分析与设计,建立了以政府智能体资金流动为核心的多主体仿真系统模型。

3.1.2　多智能体系统建模

多智能体一般专指多智能体系统（multi-agent system，MAS）或多智能体技术（multi-agent technology，MAT），MAS 是分布式人工智能（distributed artificial intelligence，DAI）的一个重要分支。

尽管智能体的概念很早就已经出现，但在 20 世纪 70 年代之前，将多个智能体作为一个功能上的整体（即能够独立运行的自主集成系统）进行研究的做法却很少。一些研究着眼于构建一个完整的智能体或 MAS，如 Hearsay-Ⅱ语音理解系统[90]、斯坦福研究所的问题解决机（Stanford Research Institute problem solver，STRIPS）规划系统[91]、参与者模型[92]等。20 世纪 80 年代后期，随着《分布式人工智能：第二卷》（*Distributed Artificial Intelligence：Volume Ⅱ*）和《分布式人工智能教程》（*Readings in Distributed Artificial Intelligence*）的出版[93, 94]，DAI 领域开始显著扩张，建立在博弈论和经济学概念之上的自私型智能体交互的研究也逐步兴盛起来。随着协作型和自私型智能体研究的交融，DAI 逐渐演变并最终有了一个内涵丰富的名字——MAS[95]。

1. MAS 的定义

关于 MAS 的定义，目前的研究大多集中于以下说法：MAS 是多个智能体组成的集合，它的目标是将大而复杂的系统建设成小的、彼此互相通信和协调的、易于管理的系统。在一个 MAS 中，智能体是自主的，它们可以是不同的个人或组织采用不同的设计方法和计算机语言开发而成，可以是完全异质的，没有全局数据，也没有全局控制。MAS 是一个开放的系统，智能体的加入和离开都是自由的，系统中的智能体共同协作，协调它们的能力和目标以求解单个智能体无法解决的问题。

现实世界中存在的事物，可以将其个体或组织视作智能体（或多智能体），每个智能体按照其本质属性赋予其行为规则，在一个智能体活动空间中，智能体按照各自的规则行动，最后随着时间的变化，系统会形成不同的场景，这些场景可以用来辅助人们判断和分析现实世界中无法直接观察到的复杂现象。即一个能够感知环境并反作用于环境的物理或虚拟的实体都可以看作智能体，而多个智能体为了达到特定目的进行相互作用而形成的计算系统就为 MAS。因此，MAS 是由多个可计算的智能体组成的集合[96]。

此外，在不同的文献中，MAS 有不同的定义，但是大多集中于以下几种内涵：①MAS 是指大量分布配置的自治或半自治的智能体通过网络互联构成的复杂的大规模系统，它是"系统的系统"（system of system）；②MAS 是由多个自主个体组成的群体系统，其目标是通过个体间的相互信息通信和交互作用，完成个体无法完成的复杂任务；③MAS 由一系列相互作用的智能体构成，其内部的各个智能体之间通过相互通信、合作、竞争等方式，完成单个智能体不能完成的、大量而复杂的工作。

MAS 具有以下特征：由多个可计算的智能体组成的集合，具有比单个智能体更高的智能性和更强的问题求解能力；每个智能体拥有不完全的信息和求解问题的能力，不存在全局控制，数据是分散存储和处理的，没有系统级的数据集中处理结构，计算过程是异步并发或并行的。

在 MAS 中，智能体与智能体、智能体与环境之间的相互影响和作用（即适应性）是系统演化的主要动力源，对于环境的定义，Russell 和 Norvig[78]根据环境特性对环境进行了如下分类：①可观察的与不可观察的，可观察即智能体可获得全部、准确、最新的环境状态信息；②确定性的与非确定性的，确定性的环境中，任何动作都会有一个确定的效果；③静态与动态，静态环境是假定没有智能体执行动作，环境不会发生变化；④离散的与连续的，若存在确定、有限数量并且可在环境中被感知，则环境是离散的。

2. MAS 结构分类

对于 MAS 结构的分类，从异构的角度来看，分为同构 MAS 和异构 MAS 两种类型。同构 MAS 指 MAS 中多个智能体的模型结构和功能是完全相同的，即所有的智能体有相同的内部结构，包括目标、知识、规则和可能的动作等，不同之处在于它们的感知器输入和执行的动作可能不同，即它们在环境中所处的位置不同，可能产生不同的反馈。异构 MAS 由性质和功能完全不同的智能体构成，每个智能体可以有不同的子目标，系统的整体目标在各个子目标的实现过程中被实现。异构有多种方式，如具有不同的目标、知识和动作等，因此异构 MAS 的内部结构是不同的。

从通信角度来看，MAS 分为无通信的 MAS 和有通信的 MAS 两种类型。当无通信时，所有智能体对其他智能体内部状态的了解很少，并且经由感知器输入的其他智能体的信息很少，不能预测其他智能体的动作。当有通信时，智能体可以感知其他智能体的行为和状态，并能够通过交互高度、协调、一致地完成任务。

从多智能体控制的角度来看，MAS 的组织结构可分为集中式、分散式和分布式三种。在集中式 MAS 结构中，一个智能体集中控制整个系统，它是一种规划与决策上的自上而下式的层次控制结构。集中式 MAS 的协调性较好，但是由于系统运行时的规划和决策都依赖于集中控制的智能体，集中式 MAS 的实时性、动态性及环境变化的响应能力较差。在分散式 MAS 结构中，系统没有集中控制单元，智能体具有高度的自治能力，自行处理信息、规划、决策并执行指令，与其他智能体通信以协调各自的行为。分散式 MAS 结构的容错能力和扩展性优于集中式 MAS 结构，但因缺乏统一的控制和目标，仅依靠不同智能体的通信协作完成目标，是一种低效的多边协作方式，难以保证完成全局目标，此外，多边协作的通信代价也十分昂贵。分布式 MAS 结构介于上述两种结构之间，是分散式的水平交互和集中式的垂直控制相结合的全局上各智能体分层、局部集中的结构，既提高了协调效率，又不影响系统的实时性和动态性，同时还具备良好的容错能力和扩展性。

3. MAS 的研究热点

MAS 由 DAI 演变而来，其研究目的是解决大规模、复杂、实时和有不确定信息的问题，而这类问题通常是单个智能体不能解决的。在单个智能体的基础上，MAS 不仅具有自主性、社会性、能动性，而且具有分布式、协调性等特征，并具有自组织能力、学习能力和推理能力。对 MAS 的研究既包括构建单个智能体的技术，如建模、推理、学习及规划等，也包括使多个智能体协调运行的技术，如交互通信、协调、合作、协商等。

1）多智能体（强化）学习

多智能体学习（multi-agent learning，MAL）将机器学习和深度学习等引入 MAS 研究领域，研究如何通过算法来创建动态环境下的自适应智能体。相较于传统的机器学习和深度学习，强化学习（reinforcement learning，RL）技术被 MAL 的研究广泛采用。RL 是智能体以试错的方式进行学习，通过与环境进行交互获得的奖赏指导行为，目标是使智能体获得最大的奖赏，RL 不同于连接主义学习中的监督学习，主要表现在强化信号上，RL 中由环境提供的强化信号是对产生动作的好坏进行评价（通常为标量信号），而不是告诉强化学习系统（reinforcement learning system，RLS）如何产生正确的动作。由于外部环境提供的信息很少，RLS 必须靠自身的经历进行学习。通过这种方式，RLS 在行动-评价的环境中获得知识，改进行动方案以适应环境。单智能体的强化学习在马尔可夫决策过程（Markov decision processes，MDP）的框架内能被较好地描述。

在多智能体环境中，自适应性智能体的个体智能的提升和系统的进化可以通过智能体的个体策略或者群体策略的演进反馈出来，单智能体的策略演进机理可分为深度 Q 值网络（deep Q network，DQN）[97]和深度决定策略梯度（deep deterministic policy gradient，DDPG）两类[98]，为了加速神经网络的收敛速度，在学习过程中，两者采用了逐步优化的时间差分（time difference，TD）方法取代整体优化的蒙特卡罗（Monte Carlo，MC）方法。

然而，尽管 MDP 为单智能体学习提供了可靠的数学框架，但对 MAL 却不适用。多智能体环境下，各个智能体之间可能存在相互作用，对单个智能体来说，其学习环境不是静态的，一个智能体的收益通常依赖于其他智能体的行动。此时，每个智能体的目标将有可能是不断变化的——单个智能体需要学习的内容依赖于其他智能体学到的内容，并随之改变。因此，对原有的 MDP 框架进行相应的扩展是十分必要的，部分研究者研究了马尔可夫博弈和联合行动学习机[99]等。在这些扩展中，学习发生在不同智能体的状态集和行动集的积空间上。因而，当智能体数量太多、状态空间太大时，这些扩展将面临积空间过大的问题。此外，共享的联合行动空间也未必可用，例如，在信息不完全的情况下，智能体未必能观察到其他智能体的行动[95]。如何处理复杂的现实问题，如何高效地处理大量的状态、大量的智能体及连续的策略空间，已经成为目前 MAL 研究的首要问题。MAL 需要建立在可扩展规模的理论上，在可扩展的框架下，MAL 算法能够适应各种规模的智能体系统。

多智能体强化学习（multi-agent reinforcement learning，MARL）可以使用马尔可夫博弈的框架解决[100]，马尔可夫博弈又称为随机博弈（stochastic game），马尔可夫是指 MAS 的状态符合马尔可夫性，即下一时刻的状态只与当前时刻有关，与前面的时刻没有直接关系，而博弈恰好能描述多智能体之间的关系。在马尔可夫博弈框架中，状态转移概率描述了状态的马尔可夫性，回报函数则完全描述了多智能体之间的关系，与智能体的 MDP 有所区别的是，这里的回报函数是每个智能体的回报函数。当每个智能体的回报函数一致时，则表示智能体之间是合作关系；当回报函数相反时，则表示智能体之间是竞争关系；当回报函数介于两者之间时，则是混合关系[100]，因此马尔可夫博弈完全能够描述 MAS。与单智能体 RL 最重要的区别是，多智能体的状态转移和回报函数都建立在联合动作的条件下，多智能体同时动作，在联合动作下，整个系统才会转移，才能得到立即回报。

2）算法博弈论

作为 MAS 的一个研究热点，算法博弈论是博弈论和算法设计的交叉研究，也是计算机理论科学的一个新领域，它重点关注并解决有关拍卖、网络和人类行为的根本问题。算法博弈论中，算法的输入通常来自许多分布的参与者在这些分布式的智能体（参与者）中参与博弈的过程，可能会因为个体利益和偏好等隐藏或者调整真实的信息，给出虚假的输入。因此，算法博弈论在设计算法时，除了需要考虑经典算法设计理论要求的多项式运算时间，还需要考虑约束智能体的行为动机。

算法博弈论[79]主要关注的两个领域是算法分析和算法机制设计。算法分析研究各种均衡（如纳什均衡、子博弈纳什均衡等）的计算复杂性问题，利用博弈论工具分析已有算法的计算均衡、证明均衡性质等；而算法机制设计着眼于设计具备良好均衡和算法属性的博弈,研究领域包括网络结构及性能方面的研究、在线拍卖和在线交易、在线广告、搜索结果页面排序及其他一些分布式应用[101]。

相比博弈论的求解和分析而言,提出算法机制设计的原因是机制设计者想执行一项社会决策或选择以达到某种社会性目的,但由于执行决策需要的信息是分布式的,只有社会成员自己知道,设计者不可能获得信息或者获取成本太高。因此,算法机制设计提供了一个激励社会成员汇报自己私有信息问题的分析框架,研究如何设计一个博弈形式,或者称作机制,令社会成员参与其中,得出的博弈解恰好符合设计者想达到的社会选择,这个问题也称作社会选择的实施问题。这里,社会选择是指整个社会群体性的选择结果,这个结果是由诸多独立博弈者通过表达各自的偏好而聚集得出的,社会选择的结果会反过来影响每个独立博弈者的收益[79]。例如,在政治选举时,每个选民表达自己的意愿偏好,选择一位候选者当选,所有选民的偏好聚集在一起共同决定了哪位候选者可以当选,候选者上任以后实施的政策会反过来影响到选民的切身利益。算法机制设计的思想与分布式 MAS 的框架不谋而合,常被应用于分布式 MAS 中。

3)分布式问题求解

分布式问题求解的本质是让多个智能体共同解决同一个问题,这些智能体通常都是合作性的。在众多分布式问题的求解模型中,分布式约束推理(distributed constraint-reasoning,DCR)模型,如分布式约束满足问题(distributed constraint-satisfaction problem,DCSP)和分布式约束优化问题(distributed constraint optimization problem,DCOP)的使用和研究较为广泛[95]。DCR 模型历史悠久,在各种分布式问题上都有应用,包括分布式会议安排和分布式传感器任务分配。20 世纪 90 年代中期以来,DCSP 和 DCOP 的算法设计(包括完全的和非完全的)得到学术界的广泛关注。根据搜索策略(最佳优先搜索还是深度优先分支定界搜索)、智能体间的同步类型(同步还是异步)、智能体间的通信方式(约束图邻居间点对点传播方式还是广播方式),以及主要通信拓扑结构(链式还是树形)的不同,可以对众多 DCR 算法进行归类。例如,异步分布式优化(asynchronous distributed optimization,ADOPT)[102]采用的是最佳优先搜索、异步同步、点对点的通信和树形通信拓扑结构。

4)MAS 仿真

智能体具有自治性、社会性和反应性等特征,因此可以利用智能体的计算模型来模拟现实世界中自治主体(企业、人、智能机器人等)的行为及他们之间的交互,进而模拟出自治主体的行为,评价个体行为对整个系统的影响,在此研究背景下,多智能体仿真(multiagent based simulation,MABS)应运而生。基于智能体的建模和仿真能够根据主体特性设置不同的模型,包括简单的反应型智能体、复杂的认知型智能体及各种混合型智能体,同时可以方便地在统一的概念框架中处理不同级别的主体(单一个体或组织、集团等群体)。由于具有以上优势,MABS逐渐取代了之前的微观仿真、面向对象仿真及个体仿真,成为复杂系统仿真的最佳选择[4]。

5)多智能体协作机制

从多智能体协作机制建模的发展过程来看,以逻辑推理为基础的形式化建模方法和以决策理论和动态规划为基础的建模方法正在逐渐融合,二者都强调智能体的理性作用,而对策论是产生这种融合的媒介。纵观近十年的研究状况,适应不同的应用环境而从不同角度产生过多种不同类型的多智能体模型和应用系统,这些模型包括理性智能体的 BDI 模型、协商模型、协作规划模型和 MARL模型等[103]。

网络化系统包含大量相互连接的子系统(智能体),且这些子系统需要相互协作来完成一个全局目标。由于网络化系统的分布式特性,传统的中心化算法并不适用于解决这类问题。需要强调的是,中心化算法的架构还会受到诸多限制,如单点故障、高通信要求、海量计算负担及可扩展局限性。因此 MARL 协作技术成为目前多智能体协作技术研究的热点[104]。

4. MAS 的应用

MAS 能够解决现实世界中许多复杂且实际的应用,地面和空中的交通管控、多机器人合作控制、电子商务、机器人营救、机器人足球赛、社交网络分析、网络的资源分配等一系列实际应用场合都是 MAS 的用武之地。

1)智能交通

在交通管控和调度方面,工业界已经将 MAS 建模应用到共享出行、智能派单等应用中,将交通工具建模为智能体,模拟真实世界的车辆调度,实现系统调度效率的提升,并增强用户的用车体验。例如,滴滴打车提出了一种新的基于深度 RL 与半马尔可夫决策过程的智能派单应用,在同时考虑时间与空间的长期优化目标的基础上利用深度神经网络进行更准确、有效的价值估计[105, 106]。系统的离线模拟试验及滴滴平台的在线 AB 测试试验证明,这种基于深度 RL 的派单算法比现有最好的方法能进一步显著提升平台的各项效率及用户体验。

2)机器人协作

在机器人协作方面,机器人团队(robotic teams)系统是 MARL 研究最广泛的应用领域,这不仅是因为机器人团队是 MAS 的一个非常常见的领域,而且因为在机器人协同控制领域有大量的科研工作者。20 世纪 90 年代后期,机器人世界杯(RoboCup)应运而生,举行 RoboCup 比赛的目标是在 50 年内产生一支能够战胜具有世界杯水准的人类球队的机器人球队。机器人球队如果能战胜人类球队,则 MAS 在技术和理论上有根本的突破。2000 年,RoboCup 推出了一项新的活动——RoboCup 营救。这项活动以 1995 年发生的日本神户大地震为背景,目标是建立一支能够通过相互协作完成搜救任务的机器人队伍。机器人可以通过 MARL 技术来学习各种各样的技能,从基本行为(如导航)到复杂行为(如踢足球)等都可以习得。例如,在导航中,每个机器人都必须找到自己的方向,到达一个固定的或不断变化的目标位置,同时还要避开障碍物和其他机器人的不利干扰[107, 108]。机器人足球是 MAS 和 MARL 技术的一个流行的、复杂的测试平台,需要足球机器人习得大量的技能,包括避障、寻路[107, 108]、多目标观测[109]、追踪[110, 111]、物体运输[112]等,例如,拦截球并将其引入球门涉及对象检索和运输技能,而机器人球员在场上的战术位置则体现了上述多技能的联合。

　　3)智能电商

　　以智能体为媒介的电子商务是 MAS 的一个重要应用场合,为 MAS 在谈判和拍卖领域的发展提供了巨大推动力。2000 年以后,为了促进高质量的交易智能体的研究,推出了交易智能体竞赛(trading agent competition),吸引了众多的研究人员。其中,亿贝(eBay)等在线拍卖机制在应用多智能体的研究理论中取得了巨大成功,也促进了拍卖和机制设计等研究的发展。近几年来,MARL 技术的不断发展也为电子商务领域提供了新的研究思路,例如,淘宝提出了使用 RL 进行更好的商品搜索的目标,通过构建一个虚拟淘宝平台来运行 RL 算法,通过生成式对抗网络生成虚拟客户,并通过 MARL 生成虚拟交互过程[113]。研究结果表明,虚拟淘宝能够反映真实环境中的特征,这个新构建的虚拟淘宝模拟器,可以让算法从买家的历史行为中学习,规划最佳商品搜索显示策略,能在真实环境中让淘宝的收入提高。

3.1.3　基于多智能体的社会网络建模

　　从面向主体和主体与结构的研究观点来看,社会网络就是一种自组织的复杂 MAS。许多学者基于智能体研究社会网络,采用多智能体方法对社会网络进行建模和仿真,例如,基于多智能体方法对脸谱网(Meta)中的朋友链接关系网络进行研究;采用多智能体技术实现社会网络中的智能化、自适应、自治的服务,如采用智能体技术和语义网技术来处理社会网络中大量的极端稀疏和异类的用户数据;利用多智能体分布式解决问题的能力,将其作为一种优化计算算法来研究社会网络等。

无论在社会网络还是 MAS 中，协作都是至关重要的问题。蒋嵬川[114]将社会网络和 MAS 关联起来探索社会网络的协作问题，如图 3-9 所示，将社会主体建模为智能体，将社会网络环境与社会交互法则建模为 MAS 中的交互环境与协作机制，将社会网络结构建模为 MAS 中的智能体组织结构。通过这种建模方法，能够有效地基于多智能体对社会网络的各个关键要素进行建模分析。

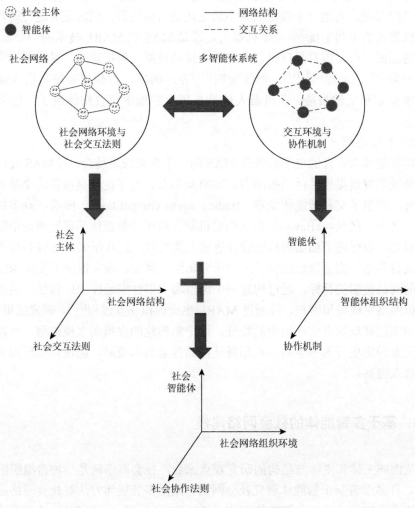

图 3-9　社会网络与 MAS 的映射

3.2　心智计算

心智是人类的全部精神活动，包括情感、意志、感觉、知觉、表象、记忆、学习、思维、直觉等，用现代科学方法来研究人类非理性心理与理性认知融合运作的形式、过程及规律。

心智模型是对某人关于某事在现实世界中如何运作的思考过程的解释。它是周围世界、其各个部分之间的关系以及一个人对自己的行为及其后果的直觉感知的表示。心智模型可以帮助塑造行为并设置解决问题的方法（类似于个人算法）和执行任务。心智模型是对思维的高级建构，表征了主观的知识，通过不同的理解解释了心智模型的概念、特性、功用。心智模型是个体为了要了解和解释他们的经验而建构的知识结构，该模型受限于个体关于他们经验的内隐理论（implicit theories）。

3.2.1 传统心智模型

西蒙（Simon）于 1976 年提出了物理符号系统假说（physical symbol system hypothesis，PSSH），即任何一个物理符号系统如果具有智能，则肯定能执行符号的输入、输出、存储、复制、条件转移和建立符号结构这 6 种操作；反之，能执行这 6 种操作的任何系统，也一定能够表现出智能。根据这个假设，可以推出以下结论：人具有智能，因此人是一个物理符号系统；计算机是一个物理符号系统，因此它必具有智能；计算机能模拟人，或者说能模拟人的大脑功能。

诺尔曼在 1983 年的研究中，归纳了心智模型的 6 个特质，这 6 个特质并非相互独立的，它们分别是：不完整性（incomplete），人们对于现象持有的心智模型大多都不完整；局限性（limited），人们执行心智模型的能力受到限制；不稳定（unstable），人们经常会忘记使用的心智模型的细节，尤其经过一段时间没有使用它们；没有明确的边界（boundaries），类似的机制经常会相互混淆；不科学（unscientific），人们常采用迷信的模式，即使他们知道这些模式并非必要的；简约（parsimonious），人们会多做一些可以通过心智规划而省去的行动。

3.2.2 智能体心智模型

1. 思维适应性控制模型

思维适应性控制（adaptive control of thought，ACT）模型是安德森继人类联想记忆（human association memory，HAM）模型之后建立的。ACT 模型是一般的认知模型，ACT 模型可以通过程序来完成许多种认知课题，除了有长期记忆，ACT

模型还有关于活动概念的短期工作记忆及一个可编程的产生式系统。详细来说，人们获得新知识有三个阶段，分别是陈述性阶段、知识编辑阶段及程序性阶段。在陈述性阶段，人们获得的是有关现实的陈述性知识，并且运用一般可行的程序来处理这些知识；陈述性知识是以组块的结构表征的，一个组块由一个独特的识别器和许多具有一定值的空位组成，空位可以是另一个组块，也可以是一个或一系列外部客体，从而实现了各个知识点的连接。在知识编辑阶段，学习者通过形成新的产生式规则或用新规则代替旧规则，使新、旧知识产生联系。在程序性阶段，学习者形成与任务相适应的产生式规则，这些产生式规则被写回各个子模块中，产生式规则可以被扩展（概括）、具体化（辨别）及根据使用程度的不同得到强化或削弱。

2. 状态、算子和结果模型

状态、算子和结果（state，operator and result，SOAR）模型是 Allon Newell 于 1986 年提出的一种认知模型，是通用的问题求解程序，以知识块理论为基础，利用基于规则的记忆，获取搜索控制知识和操作符，即从经验中学习，记住自己是如何解决问题的，并把这种经验和知识用于以后的问题求解过程中，实现通用问题求解。SOAR 模型与人类的认知系统更加接近，是目前首屈一指的认知模型。

3. 智能系统心智模型

人工社会（artificial society）是各种复杂的生态社会系统的分析基础，这种系统通常通过多智能体方法来实现。然而，由于不同应用场景的重点聚焦在不同的方面，学术界对于如何对智能体的决策过程建模没有达成一致，尤其是对心智的建模研究十分混杂，缺乏体系化的模型，这在一定程度上阻碍了模型重用和系统集成，Ye 等[115]提出了一种通用的认知结构，该结构试图模仿人工社会中智能体决策的各个方面，从而实现对智能体心智的统一建模，方便对不同的程序和软件进行重组和集成。

虽然 BDI 模型和其他规范的心智模型普遍存在，并考虑了一些认知方面的因素，但缺乏系统的考虑，如图 3-10 所示，Ye 等[115]建立了一种适用于智能体的统一认知框架，将规范和标准、情感和人格、属性状态、工作记忆、长期记忆、动机和注意力等考虑在内，并通过智能体的感知、推理、行动、规划和交互实现智能体的行为建模。

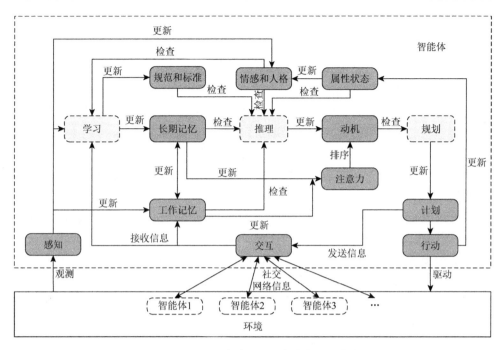

图 3-10　人工社会中通用的智能体认知框架

3.3　数　字　孪　生

数字孪生技术是随着数字化虚拟技术和数据采集技术的不断发展应运而生的一项新技术，作为实现信息-物理融合的一种有效手段，对实现智能制造理念具有重大的潜在推动作用，是智能制造领域的重点研究方向之一。

3.3.1　数字孪生的内涵

数字孪生由密歇根大学的 Michael Grieves 博士于 2001～2002 年定义，最初是在产品生命周期管理的环境背景中定义的。在他的论文中，介绍了数字孪生的概念并作为已制造产品的虚拟数字表示。数字孪生在工程设计中可以更好地了解生产的产品与设计，使产品设计和执行之间的循环过程更加紧密。数字孪生的价值体现在其可视性、可预见性（未来状态）、假设分析等方面。

2003 年，Grieves 在密歇根大学的产品全生命周期管理课程上提出了"与物理产品等价的虚拟数字化表达"的概念，并在 2014 年的白皮书中[76]给出定义：一个或一组特定装置的数字复制品，能够抽象地表达真实装置并可以此为基础进行真实条件或模拟条件下的测试。在最早的时候并没有称为数字孪生，在 2003～2005 年称为镜像的空间模型（mirrored spaced model），2006～2010 年称为信息镜像模型（information mirroring model），但是其概念模型却与目前数字孪生的所有组成要素相似，即物理空间、虚拟空间及两者之间的关联或接口，因此通常被认为是数字孪生的雏形。2011 年，Grieves 在《几乎完美：通过产品全生命周期管理驱动创新和精益产品》中引用了其合作者 John Vickers 描述该概念模型的名词——数字孪生，完整的数字孪生模型包括三个主要部分：①物理空间的实体产品；②虚拟空间的虚拟产品；③物理空间和虚拟空间之间的数据和信息交互接口。

　　美国国家航空航天局（National Aeronautics and Space Administration，NASA）将数字孪生描述为一种多物理量、多尺度、概率性、高保真的仿真，能够及时反映出基于历史数据、实时传感器数据和物理模型的对应数字孪生状态的模型[116]。Gabor 等[117]认为数字孪生是一种特殊的仿真，它基于专家知识和从现有系统中收集的真实数据，在不同的时间和空间尺度上实现更精确的仿真。Oracle 公司给出了数字孪生在物联网应用中的白皮书（图 3-11）。

图 3-11　Oracle 公司发布的数字孪生在物联网应用中的白皮书

　　数字孪生的一般性定义为数字映射，指在信息化平台内模拟物理实体、流程或者系统，类似实体系统在信息化平台中的双胞胎。借助数字映射，可以在信息化平台上了解物理实体的状态，甚至可以对物理实体里预定义的接口元件进行控制。数字映射是物联网里的概念，指通过集成物理反馈数据，并辅以 AI、机器学习和软件分析，在信息化平台内建立一个数字化模拟。这个模拟会根据反馈，随着物理实体的变化而自动做出相应的变化。理想状态下，数字映射可以根据多重的反馈源数据进行自我学习，从而几乎实时地在数字世界里呈现物理实体的真实状况。数字映射的反馈源主要依赖于各种传感器，如压力、角度、速度传感器等。数字映射的自我学习（或称机器学习）除了可以依赖于传感器的反馈信息，也可以通过历史数据，或者集成网络的数据进行。集成网络的数据学习常指多个同批次的物理实体同时进行不同的操作，并将数据反馈到同一个信息化平台，数字映射根据海量的信息反馈，进行迅速的深度学习和精确模拟。数字映射可以应用在各个行业（目前主要是工业），对核心设备、流程的使用进行优化，并简化维护工作。

3.3.2 数字孪生模型与建模方法

数字孪生的基本概念模型如图 3-12 所示，它主要由三部分组成：①物理空间的物理实体；②虚拟空间的虚拟实体；③虚实之间的数据和信息。就数字孪生的概念而言，正如 3.3.1 节所述，目前仍没有被普遍接受的统一定义。

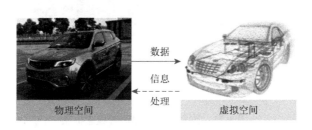

数据
信息
处理
物理空间 虚拟空间

图 3-12 数字孪生的基本概念模型

数字孪生在发展过程中随着认知的深化，主要经历了三个阶段：①数字样机阶段，数字样机是数字孪生的最初形态，是对机械产品整机或者具有独立功能的子系统的数字化描述；②狭义数字孪生阶段，由 Grieves 提出，其定义对象就是产品及产品全生命周期的数字化表征；③广义数字孪生阶段，在定义对象方面，广义数字孪生将涉及范围进行了大规模延伸，从产品扩展到产品之外的更广泛领域。世界著名的 Gartner 咨询公司连续三年将数字孪生列为十大技术趋势之一，其对数字孪生的描述为数字孪生是现实世界实体或系统的数字化表现。因此，数字孪生成为任何信息系统或数字化系统的总称。

数字孪生建模的首要步骤是创建高保真的虚拟模型，真实地再现物理实体的几何图形、属性、行为和规则等。数字孪生建模通常基于仿真技术，包括离散事件仿真、基于有限元的模拟等。仿真对实际系统的运行过程仅具有指导作用，因此，数字孪生建模的主要思想是用数据补充和完善仿真模型，实现对物理实体的实时、高置信度仿真预测。

目前的数字孪生模型按照其模式可以分为通用模型和专用模型，其中，专用模型是当前研究的热点。数字孪生模型的研究内容主要涉及概念模型和模型实现方法，其中，概念模型从宏观角度描述数字孪生系统的架构，具有一定的普适性；而模型实现方法的研究主要涉及建模语言和模型开发工具等，关注如何从技术上实现数字孪生模型。

在概念模型方面，文献[118]提出包含生产系统、数据层、信息和优化三层的数字孪生建模流程概念框架，如图 3-13 所示，以指导工业生产数字孪生模型的构建。

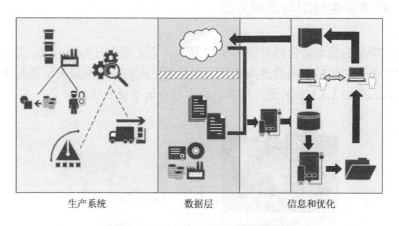

生产系统　　　　　数据层　　　　　信息和优化

图 3-13　数字孪生建模流程概念框架

而文献[119]提出了基于模型融合的数字孪生建模方法，通过多种数理仿真模型的组合构建复杂的虚拟实体，并提出基于锚点（anchor）的虚拟实体校准方法，研究者提出了基于产品生命周期管理平台模型集成的数字孪生工程的概念，并提出了一种系统地检测数字模型与物理系统之间的机电数据结构差异的锚点方法，其中，由相应工程工具开发的来自跨学科领域的机电一体化组件的数据称为锚点。

针对数字孪生的概念模型研究，Zheng 等[120]提出全参数数字孪生的应用框架，如图 3-14 所示，将数字孪生分成物理空间、信息处理层、虚拟空间三层，基于数据采集、传输、处理、匹配等流程实现上层数字孪生的应用。在物理空间中，详细讨论了物理生产的全要素信息感知技术，物理生产的全要素信息感知技术主要包括物理对象、技术方法、数据类型及信息层和虚拟空间的数据库四个层次（图 3-15）。

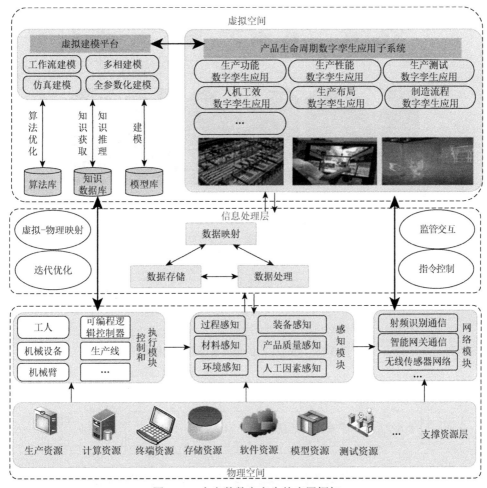

图 3-14　全参数数字孪生的应用框架

在信息处理层中，构建了数据存储、数据处理和数据映射三个主要功能模块。数据映射支持基于数据存储模块和数据处理模块的物理数据和虚拟车间操作的同步映射，它主要包括时序分析、数据关联和数据同步三个部分（图 3-16）。

在虚拟空间中，描述了全参数虚拟建模的实现过程和产品生命周期数字孪生应用子系统的构造思想，全参数虚拟建模的实现过程包括四个步骤：具体车间系统的分析、信息模型的构建、仿真模型的构建和模型的融合。

鉴于传统的数字孪生三维模型无法满足现阶段的技术发展与应用需求，文献[121]提出了由物理实体、虚拟实体、连接、数字孪生数据、物理实体和虚拟实体的服务组成的数字孪生五维模型（图 3-17），强调了由物理数据、虚拟数据、服务数据和知识等组成的孪生数据对物理设备、虚拟设备和服务等的驱动作用，并探讨了数字孪生五维模型在多个领域的应用思路与方案，获得了广泛认可。

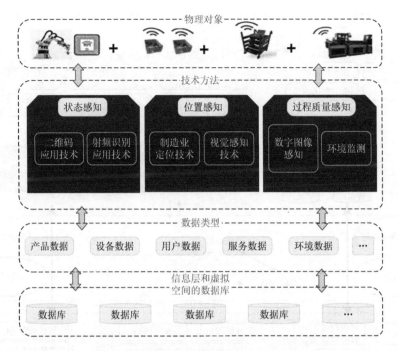

图 3-15 物理生产的全要素信息感知框架

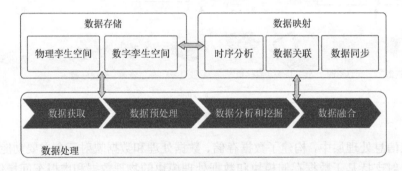

图 3-16 信息处理层

Tao 等[121]在数字孪生三维模型的基础上提出一个完整的数字孪生结构应该包括五个维度，即物理部分（物理实体）、虚拟部分（虚拟实体）、连接、数据、服务，其框架如图 3-17 所示，这五个维度对数字孪生结构同样重要。物理部分是构建虚拟部分的基础，虚拟部分支持物理部分的仿真、决策和控制，数据位于数字孪生框架的中心，因为它是创造新知识的前提。此外，数字孪生带来了新的服务，可以提高工程系统的便利性、可靠性和生产率。而连接部分连接了物理部分、虚拟部分、数据和服务。

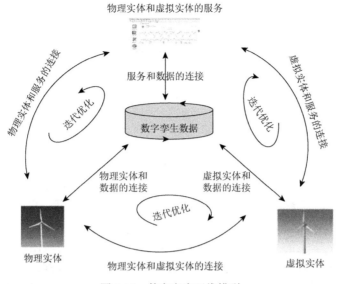

图 3-17　数字孪生五维模型

数字孪生离不开各类物理实体的数据，多源异构复杂数据的合理映射尤为重要，如近些年来，数字孪生技术的发展为工厂车间信息的物理交互提供了解决方案，但是由于制造业的数据存在数据类型复杂、耦合度高、数据量大等特点，常常影响甚至误导数字孪生系统应用的分析和决策。文献[122]提出了一种面向车间数字孪生系统应用的制造数据构造方法，通过实施数据的表示、组织与管理策略为数字孪生系统提供规范、稳定且高效的数据支持。

总的来说，在数字孪生系统中，虚拟空间的虚拟实体通过传感器数据监测物理实体的状态，实现实时动态映射，再在虚拟空间通过仿真验证控制效果，并通过控制过程实现对物理空间的物理实体的操作。数字孪生中的交互与协同包括物理-物理、虚拟-虚拟、物理-虚拟等形式，涵盖人、机、物、环境等多种要素。其中，物理-物理交互与协同可以使物理设备间进行相互通信、协调与协作，以完成单设备无法完成的任务；虚拟-虚拟交互与协同可以连接多个虚拟模型，形成信息共享网络；物理-虚拟交互与协同使虚拟模型与物理对象同步变化，并使物理对象可以根据虚拟模型的直接命令进行动态调整。

3.3.3　数字孪生的应用

1. 应用数字孪生的智能制造

在现代制造业中，传统制造车间的协作效率低且成本高，因此需要建设个性化定制的模型总装车间，实现生产系统的可视化、实时性、可操作性、可协作性，并实现对车间的智能管控。基于数字孪生的智能工厂系统具有以下功能：将物理工厂中的实体模型及业务模型转化为虚拟工厂中的信息模型，并建立虚拟工厂与物理工厂之间低时延、高保真的虚拟镜像；利用基于数字孪生的智能工厂仿真计算能力，仿真模拟从需求到产品、从订单到交付的制造全过程；形成优化的仿真结果，指导物理工厂的建立和运营；物理工厂的实时数据和状态为虚拟工厂的模型提供准确的修正。

陶飞等[123]率先提出数字孪生车间的概念模型，该模型主要包括物理车间、虚拟车间、车间服务系统和车间孪生数据四部分，通过物理车间与虚拟车间的双向映射与实时交互，实现物理车间、虚拟车间、车间服务系统数据的集成和融合，车间生产要素管理、生产活动计划、生产过程控制等，以及车间生产和管控的优化。

基于数字孪生的智能工厂强调基于工业互联网平台的应用，将企业内的物联网和企业外的互联网紧密结合，挖掘有效的生产实时数据，结合业务专家的知识领域，并通过数字孪生的表现形式为工厂各决策层提供数据分析和应用。文献[124]基于信息流的集成，构建具有全面感知、设备互联、数字集成、智能预测等特征的智能工厂运行体系，其主要内容包括技术创新体系、经营管理体系、制造运行体系，它们共同构成了信息物理生产系统；此外，提出了基于数字孪生的智能工厂建设架构和基于数字孪生的虚实系统集成及基于数字孪生的智能工厂关键技术。

2. 应用数字孪生的智慧医疗

北京航空航天大学的研究团队提出一种 6 层架构的数字孪生医疗系统——CloudDTH（图 3-18），包含资源层、感知层、虚拟资源层、中间件层、服务层及用户接口层[125]，该系统的目的是实现医疗领域的物理空间和虚拟空间之间的交互和融合。其中，资源层包含与患者相关的软、硬件资源和患者的历史数据，感知层实时采集和传输患者的身体状态数据，通过对资源的感知、通信和互联实现映射，虚拟资源层基于数据虚拟化物理实体，包含虚拟的医疗资源、虚拟患者等，中间件层包含服务管理、数据管理、知识管理、仿真管理、用户管理等功能，服务层基于底层的支持提供用户所需的服务，用户接口层向用户提供了数字孪生医疗系统的服务提供、系统管理、服务请求等接口，可实现系统可视化和系统管理等功能。基于 CloudDTH，医护人员可以通过各类实时感知数据精准分析患者的病况，患者同样对自身的健康信息有了更加清晰的了解。

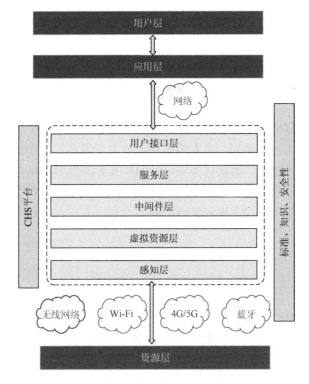

图 3-18 CloudDTH 的参考框架

CHS 为云医疗保健服务（cloud healthcare service）

3. 应用数字孪生的智慧城市

智慧城市不是一个简单的城市信息化，智慧城市由人、城、数三者构成。现在讲的三元时空的概念，就是要把人的需求、实体物理城市的优化和数字空间的能力提升三者之间进行融合迭代，形成一个混合系统，这才是真正的智慧城市。

数字孪生对于城市规划和建设同样是一种重要的工具，可以基于数字孪生五维模型构建数字孪生城市[121]。通过数字化建模仿真构建城市的虚拟模型，基于在城市各个层面布设传感器采集物理城市的实时数据，结合虚拟城市的仿真数据和城市传感数据，驱动数字孪生城市的发展和优化，最终为城市市政规划、生态环境治理、交通管控等提供智慧服务。

阿里云提出的城市大脑与数字孪生城市建设的思路基本吻合，它通过实时处理人不能理解的超大规模的全量多源数据，基于机器学习发现人类难以发现的复杂隐藏规律，能够制定超越人类局部次优决策的全局最优策略。城市大脑已经在城市交通体检、城市警情监控、城市交通微控、城市特种车辆、城市战略规划 5 个应用场景中部署实施，证明了数字孪生城市可以推动城市设计和建设，辅助城市管理，使城市更智慧、美好。

数据的积累为理解城市各要素间的关联提供了可能，科技界将这种数据与城市间的关系称为数字孪生。它意味着通过对物理世界的全域数据的采集（如通过传感器），人们可以在数字世界中构建一个数字化的虚拟城市[95]。人们在现实的城市发展中所需做出的众多决策，都将可以通过在虚拟城市中进行仿真模拟、推演等手段获得最优解。例如，当人们需要在城中选址建设一个加油站时，这些手段会帮助决策者将加油站选址对环境、交通和安全等领域的综合影响降到最低。

华为公司副总裁、数字政府总裁杨瑞凯认为，数字孪生将是智慧城市发展的最新阶段，它将帮助人们实现对城市的高效治理，并以此为市民和企业提供最佳的管理与服务。

3.4　平行系统

与数字孪生相似，平行系统（parallel system）[126]也为解决信息、物理、社会融合这一科学问题提供了新的解决思路，两者都与先进传感采集、仿真、高性能计算、智能算法等的发展密切相关，其核心目标都可以归纳为虚实融合、以虚控实。但是数字孪生与平行系统的研究对象不同，数字孪生研究的是由信息空间和物理空间组成的CPS，而平行系统主要针对社会网络、信息资源和物理空间深度融合的信息物理社会系统（cyber-physical-social system，CPSS）。CPSS[127]是在CPS的基础上，进一步纳入社会信息、虚拟空间的人工系统信息，将研究范围扩展到社会网络系统，注重人脑资源、计算资源与物理资源的紧密结合与协调，使人员组织通过网络化空间以可靠的、实时的、安全的、协作的方式操控物理实体。同时，数字孪生与平行系统的构成不同，数字孪生的基础设施是数字双胞胎，主要由物理实体和描述它的数字镜像组成，数据是连通物理实体和数字镜像的桥梁，以实现在虚拟空间中实时映射物理实体的行为和状态。而平行系统是由物理子系统、描述子系统、预测子系统、引导子系统构成的数字四胞胎架构[128]。

3.4.1　平行系统的内涵

Wang于1994年提出影子系统（shadow system）的思想，并在于2004年发表的"Parallel system methods for management and control of complex systems"[126]一文中为应对复杂系统难以建模与试验不足等问题，首次提出了集人工系统（artificial system，A）、计算实验（computational experiment，C）、平行执行（parallel execution，P）为一体的平行系统技术体系，通常简记为ACP。它通过实际系统

与人工系统之间的虚实互动，对二者的行为进行对比、分析和预测，相应地调整实际系统和人工系统的管理和控制方式，实现对实际系统的优化管理与控制、对相关行为和决策的实验与评估、对有关人员和系统的学习与培训。ACP 方法以大数据、云计算、物联网、深度学习等技术为支撑，以 CPSS 为基础设施，最终实现从知识表示、决策推理到场景自适应优化的闭环反馈。

平行系统的研究框架如图 3-19 所示，分为理论层、方法层、技术层、平台层和应用层。

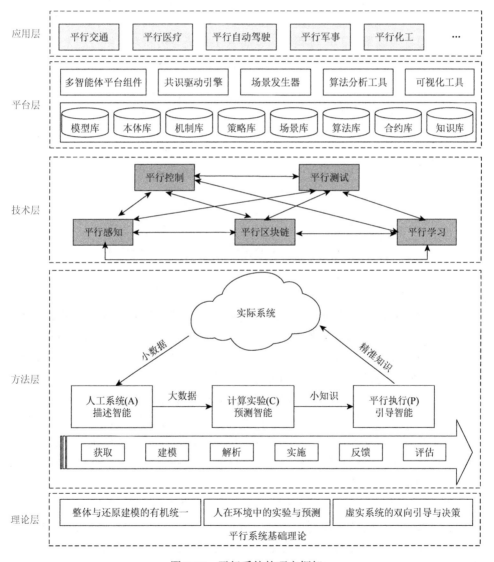

图 3-19　平行系统的研究框架

平行系统是复杂自适应系统理论和复杂性科学在 CPSS 中的延展和创新，是整体和还原相结合、实际和人工相结合、定性和定量相结合的新型技术框架。

平行系统的核心是 ACP 方法，其框架如图 3-20 所示，主要由三部分组成：①根据实际系统的小数据驱动，借助知识表示与知识学习等手段，针对实际系统中的各类元素和问题，基于多智能体方法构建可计算、可重构、可编程的软件定义的对象、流程、关系等[129, 130]，进而将这些对象、流程、关系等组合成软件定义的人工系统，利用人工系统对复杂系统问题进行建模；②基于人工系统这一计算实验室，利用计算实验，设计各类智能体的组合及交互规则，产生各类场景，运行产生完备的场景数据，并借助机器学习、数据挖掘等手段对数据进行分析，求得各类场景下的最优策略；③将人工系统与实际系统结合起来，通过一定的方式进行虚实互动，以平行执行引导和管理实际系统[126]。

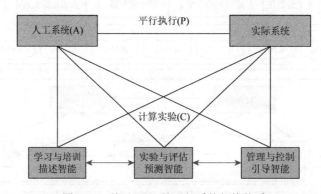

图 3-20　基于 ACP 的平行系统架构体系

在数据层面，平行系统基于实际系统数据，可以借助机器学习和深度学习等技术[131, 132]计算生成相对完备的海量数据，如借助生成式对抗网络（generative adversarial network，GAN）等计算实验手段。文献[131]概括了 GAN 的基本思想，总结了 GAN 常见的网络结构、训练方法、博弈形式、集成方法，并对一些应用场景进行了介绍。通过对海量数据的学习、训练求解系统优化解并进行优化解的评估，系统具有更广泛的适用性；在控制层面，平行系统利用人工系统与实际系统的虚实交互、双向验证，实现两者的协同进化，以及对整个系统的多目标优化管理与控制。它不仅可以优化整个系统，还可以主动学习与评估系统的管控效果并自适应调整未来的策略。

平行智能强调虚实互动，其载体是基于 ACP 的平行系统。利用人工系统来建模和表示实际系统，通过计算实验来分析和评估各种计算模型，借助平行执行来引导实际系统向着理想的目标状态逼近。平行智能包括平行视觉、平行学习等分支。平行学习是一个新型的机器学习理论框架，首先从原始数据中选取特定的小数据,输入软件定义的人工系统中,并由人工系统产生大量新的数据;其次这些人工数据和特定的原始小数据一起构成解决复杂问题需要学习的大数据集合;最后通过计算实验和平行执行来设计优化机器学习模型,得到应用于某些具体场景或任务的精准知识,可以把 GAN 看作真与假的平行,把平行智能看作虚与实的平行[130]。

3.4.2 平行系统的应用

1. 平行交通

平行系统技术最早在交通领域得到了实践和检验,由于交通系统包含驾驶员的动态变化性和社会性,同时具有一定的物理和社会过程,是一个典型的 CPSS。平行交通通过人工交通系统构建交通的社会实验室,基于计算实验分析各种可能的交通行为和现象,分析各种情况的出现原因和控制方案,通过平行执行将分析结果应用到实际系统中,以优化实际的交通系统。典型的案例如中国科学院自动化研究所于 2010 年自主研发的平行交通控制与管理系统,该系统由实际交通系统、人工交通系统、交通管理员培训系统、决策评估和验证系统及交通感知、管理与控制系统五部分组成,通过人工交通系统与实际交通系统的虚实交互、协同进化,可以实现交通管理训练、验证及控制等功能[128]。

2. 平行驾驶

从本质上讲,ACP 的平行理念的核心就是把复杂性与智能化系统中"虚"的和"软"的部分建立起来,通过可以定量实施的计算化、实时化,使之"硬化",真正用于解决实际的问题。而大数据、云计算、物联网正是支撑 ACP 方法的核心技术。构建人工系统和实际系统闭环反馈、虚实互动、平行执行的平行系统,使两者协同发展,并确保系统按照人类期望的目标发展。

平行驾驶理论基于 CPSS 将人工系统与实际系统虚实结合,它利用 ACP 方法,通过人工系统对实际的无人车和道路建模,构建软件定义的车辆及道路系统,同时建立控制计算中心,对无人车和道路采集的真实数据及人工系统的虚拟数据进行联合优化,保证无人驾驶更高级别的安全性,同时对单车进行相应的改造,从而降低车辆成本。平行驾驶充分利用了全球数字化及信息化资源,将云端、道路及车辆上的资源无缝衔接,充分考虑了安全性、舒适性、敏捷性和智能性等指标,将物理、社会、信息空间打通,从而有效保证了车辆行驶安全与最优行车体验,最终实现可靠、舒适、快速的平行驾驶。物理汽车和虚拟汽车同步行驶,保证在物理世界安全、在精神世界安全、在智能世界安全,实现"300%"的安全。近些年来，平行驾驶技术已经在无人矿山运营和物流车等领域实现了成功应用，平行驾驶的先进性和独特性体现在，通过构建和集成软件定义的描述车-预测车-引导车系统，大幅度提高驾驶安全性和运营效率，特别适用于矿山、物流等应用场景。

3.5　人、机、物三元融合系统

在众智网络建模过程中，一方面要建立信息空间中的智能数体心智模型，另一方面还需要探究物理空间、意识空间与信息空间的映射与反馈原理，即如何实现不同空间的深度融合。目前，对信息、物理、社会、心智等多元空间的融合技术的研究也在学术界引起了广泛的关注。

3.5.1　信息物理系统

CPS 是一个综合计算、网络和物理环境的多维复杂系统[74]，通过计算机、通信、控制（computer，communication，control，3C）技术的有机融合与深度协作，实现大型工程系统的实时感知、动态控制和信息服务。CPS 可实现计算、通信与物理系统的一体化设计，使系统更加可靠、高效、实时协同，具有重要而广泛的应用前景。美国于 2006 年提出了 CPS 这一概念。在概念提出之前，已经有许多在使用的 CPS，如各种机器人和飞机制造系统。

CPS 就是集成先进的通信感知、计算控制的新一代信息技术和控制技术，构建了一个在信息空间和物理空间中的人、机、物、环境、信息等各类要素相互映射、实时交互，同时得到高效协同的复杂智能系统，最终希望实现系统各类资源要素的配置及运行的实时响应、快速迭代和动态优化。要想实现定义里面描述的关键功能，需要构建一个能够以数据为主线的数字驱动的数字闭环系统，这个系统便是 CPS 的本质。

此外，Wang 在 CPS 的基础上提出了 CPSS[127]，进一步纳入社会信息、虚拟空间的人工系统信息，将研究范围扩展到社会网络系统，它包含了将来无处不在的嵌入式环境感知、人员组织行为动力学分析、网络通信和网络控制等系统工程，使物理系统具有计算、通信、精确控制、远程协作和自治功能，同时注重人脑资源、计算资源与物理资源的紧密结合与协调，在智能企业、智能交通、智能家居、智能医疗等领域将得到多方面的应用。它通过智能化的人机交互方式实现人员组织和物理实体系统的有机结合，使人员组织通过网络化空间以可靠的、实时的、安全的、协作的方式操控物理实体。

3.5.2　信息物理社会

Zhuge 提出的 CPS[75, 133, 134]是人、机器、自然环境相互作用，在网络空间、物理空间、社会空间中高效共享资源，并与不同空间中出现的形态共同演化的复杂空间。

CPSS 是一个多维复杂的空间，它生成和演化出各种子空间，以包含不同类型的个体，物理空间、社会空间和心理空间直接或者通过网络相互作用、反射而相互影响[134]。如图 3-21 所示，Zhuge[135]认为未来的互联环境将是一个联合三个世界的大型人机环境。

（1）物理世界——自然界、天然材料和人造材料、物理设备和网络。

（2）虚拟世界——主要通过视觉（文本、图像、颜色、图表等）、听觉和一定程度的触觉、嗅觉及味觉构建的感知环境。

（3）心智世界（精神世界）——源于思想、情感、创造力、想象力、理想、宗教、道德、文化、艺术、智慧和科学知识。

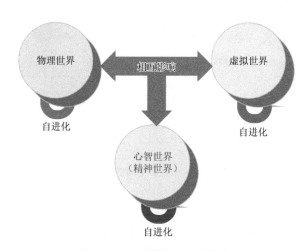

图 3-21　未来的互联环境构想

理想情况下，这个环境将成为社会与自然共同发展的自主、生存、可持续、智能的体系。它将收集资源并将其组织成语义丰富的形式，机器和人员都可以轻松使用。地理上分散的用户将通过网络合作完成任务和解决问题，积极推动这个环境中的物质、能量、技术、信息、知识和服务的流动。

个人和其他社会角色和谐共存、不断进化，为对方提供适当的按需信息、知识和服务，从一种形式转变为另一种形式，通过各个环节互相配合，按社会价值链进行自组织。它确保个人健康、有意义地生活，并根据整体能力、物质、知识和服务周期，保持合理的个人发展速度。

CPS 提到对未来互联环境的理论、模式和方法进行研究和实践，未来互联环境根据这些空间的规律将网络空间、物理空间、社会空间和心智空间联系起来，并进一步探索其中的一般规律，如将计算放入 CPSS 将会显著改变传统计算。图 3-22 展示了网络-物理-生理-心理-社会-心智环境（cyber-physical-physiological-psychological-socio-mental environment，CP^{3}SME）[136] 里的交互，包括物理空间的运动、信息空间的计算与通信、心理空间的行为、社会空间的行为、生理空间的行为，以及改变个体状态的各种流（flow）。

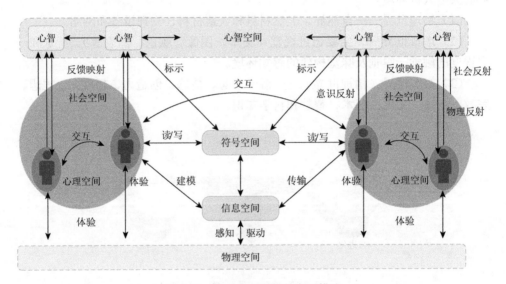

图 3-22　多元复杂空间的交互模式

对于 CPSS 中不同空间的互联链接，Zhuge[136] 提出了使用信息/网络-社会（cyber-society）这个术语来表示对未来互联环境的设想。他提出了交互语义的概念和框架（图 3-23），认为交互是未来网络社会中最基本的行为，并将基于分类的资源空间模型和基于链接的语义链接网络结合起来，以反映语义图像。

3.5.3　多元空间融合系统模型研究

在物联网时代，从物理空间获取海量的信息，源源不断地镜像映射到信息空间势必引起信息空间的重构，物联网的发展将依赖于这些信息的应用和控制，因此对物理空间和信息空间融合的研究将是物联网架构体系研究的重点内容。由实

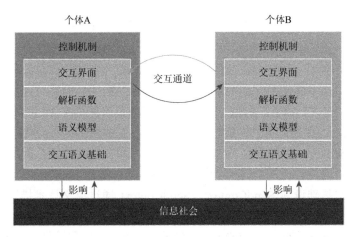

图 3-23 交互语义架构

体构成的物理世界具有空间-时间结构,而各种空间-时间结构又可由其尺度-维度特性来描述。

互联网的影响深刻而广泛,持续改变着人们的思维模式和行为方式。网络心理学聚焦这一伟大变革对人类心理与行为的重大影响,视其为行为存在的第三空间,从行为的独特网络属性、发展规律和研究体系等不同视角,重新解构行为的定义和学科的研究取向。作为新的行为发生与发展的平台,网络本身的跨越性、非同步性、匿名性和去抑制性成为行为重构的基点;而网络空间与现实空间的交叉重合则重构了心理学的研究体系[137]。网络心理学在迅速发展的浪潮中,既有大数据和移动智能终端这些有力工具的支持,同时也面临着技术和行为主体双重发展的挑战,更要考虑与传统心理学的融合、可能面临的研究伦理问题,只有跨领域、跨学科的协同与融合才能更深入地揭示网络空间中新的行为规律。

与物理空间相映射,人类可以在自己的大脑里创造一个充满意义的精神空间,并且还可以根据物理世界来塑造这个精神空间。而网络是一个独特的虚拟空间,网络中的很多元素包括个体存在与社会关系,都与个体在自己大脑内创造的精神空间相似。但是这个虚拟空间不是存在于人的大脑中,而是寄存于一个庞大而复杂的物理系统中。

清华大学的普适计算教育部重点实验室的徐光祐等[138]对普适计算进行了大量的研究,普适计算随时随地性和透明性的方法使信息空间和物理空间融为一体,把计算和信息融入人们的现实生活空间。同时,徐光祐等对物理空间与信息空间的对偶关系进行了一定的研究,在分析物理空间和信息空间各自性质的基础上,通过从物理空间到信息空间的信息获取、分析和结构化过程,以及对用户意图、状态和命令的推理,实现信息空间到物理空间的信息服务过程。但在该研究中,作者只是站在人机交互的层面上阐述性地提出了物理-信息对偶空间的理论,并没有涉及对物理空间与信息空间中信息映射理论、规则及方法的研究。姜亚丽[139]研究了实体的物理空间与网络空间的信息映射规则与方法,在总结和分析信息空间理论和应用技术基础研究的前提下,探讨了物理空间到网络空间的映射特征即时间-空间动态特性,构建了映射时空模型,实体以时间为主轴进行信息映射,可以在不同层面上测度空间中信息的移动轨迹及其生命周期。姜亚丽在物联网大背景下对信息映射方法的研究,为未来虚拟信息空间和现实物理空间的融合提供了一种可能的研究途径。潘纲等[140]提出了一种信息-物理空间对应的上下文模型及相应的上下文基础设施 ScudContext。ScudContext 通过语义技术描述上下文;通过构建空间树建立信息空间与物理空间的对应关系,将面向服务的体系架构(service oriented architecture,SOA)标准用于组织、管理和提供各类上下文服务,ScudContext 被应用于办公楼宇的监控仿真系统。

3.6　本 章 小 结

现实世界中,物理空间的人、企业、机构、智能物品等智能主体及其在意识空间的心智共同映射到信息空间中成为智能数体,智能主体和智能数体通过网络实现互联,构成众智网络。在众智网络中,智能主体与智能数体间存在的映射、反馈,智能数体间存在的交互、交易等机制,都是需要深入探索的目标,前提是要建立完备的众智网络智能数体的心智模型和互联模型。本章从建模技术角度出发,探究了计算机学、控制学、心理学、网络科学等多个学科的智能体相关建模技术,为第 4 章的智能数体心智建模及第 5 章的智能数体互联建模提供了一些理论参考。

第 4 章　众智网络智能数体建模

众智网络由众多不同类型的智能数体互联而成。智能数体是智能主体在信息空间的镜像，研究智能数体建模的核心目标是将物理空间的自然人、企业、组织机构、智能物品映射到信息空间。据此可以研制相应的智能数字人、智能数字企业、智能数字组织机构及智能数字物品等四类基础性智能数体，根据具体的自然人、企业、组织机构及智能物品的结构特征和行为特征进行定制化和个性化，为建立众智网络提供基础构件。

4.1　智能数体的心智建模

众智网络是信息、物理、意识三元融合深度叠加的网络，智能数体的建模不但需要对结构和行为的描述，还需要通过心理意识的要素来刻画，为此提出基于心智的智能数体建模理论。智能数体的心智模型是智能主体及其意识的全面、真实映射，为了清晰地表述智能数体的心智模型，本节将从智能数体的本体模型入手，智能数体的本体模型侧重于对智能数体组成的抽象描述，尽可能完备地反映出智能主体的基本构成，是描述智能主体最基本构成的一个概念模型。在明确智能数体的本体模型后，将介绍智能数体的结构模型和行为模型，并从我是谁、我的供给、我的需求和我的交互圈四个维度进行定义，以期与智能主体统一。本体模型在任何时候都是完备的智能数体表达，而智能数体的表现模型因场景、交互需求的差异而动态定制。

智能主体具备主体性，而主体性包含资源、控制和意识三个要素（出自《智能原理》（杨学山著）），因此在智能数体建模时，需要对应智能主体，突出其主体性。在智能数体与智能主体的交互中，智能数体受智能主体控制，即控制；智能数体的资源（信息）和意识（目标、倾向、决策）都是由智能主体映射来的，反映智能主体的资源和意识，即主体性。

4.1.1　智能数体的本体模型

本体通常用来描述领域知识。对本体的通俗理解是，本体是从客观世界中抽象出来的一个概念模型，这个模型包含了某个学科领域内的基本术语和术语之间的关系（或者概念及概念之间的关系）。本体不等同于个体，它是团体的共识，是相应领域内公认的概念集合。

智能数体的本体模型是用于真实、实时地反映物理世界智能主体的最基本构成，更加侧重于对智能数体的概念组成的描述，需要尽可能完备地反映出智能主体的基本构成，是描述智能主体最基本构成的一个概念模型。

图 4-1 展示了建立的智能数体的本体模型，此本体模型的优势有两个：一是真实地反映了智能主体的最基本构成，能满足智能主体交易的任务需求；二是便于定制以我是谁、我的需求、我的供给、我的空间（我的交互圈）为基本结构要素的表现模型。

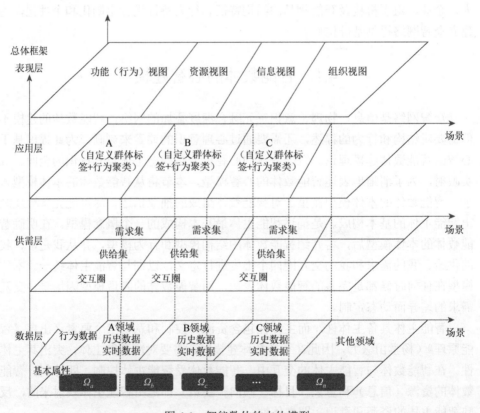

图 4-1　智能数体的本体模型

如图 4-1 所示，智能数体的本体模型可以从数据出发，按照由具体到抽象的描述，分为数据层、供需层、应用层和表现层四层结构，其中，数据层、供需层和应用层都是与领域或者场景相关的层，表现层是为了定制个性化的智能数体表现模型服务的接口。智能数体的本体模型可以表示为四元组：

　　　　　　　　本体模型 = 〈数据层，供需层，应用层，表现层〉
其中，数据层和供需层为智能数体本体模型的必需成分；应用层和表现层是为了
便于智能数体间的协作交互、交易，以及辅助表现模型的定制。

1. 数据层

　　数据层包括基本属性和行为数据两部分。基本属性可以分为多个子集，对应
智能数体在不同方面的属性集合抽象，针对自然人、企业、组织机构、智能物品
四类不同的智能数体，可分别依据数据画像技术或者知识图谱构建技术，挖掘并
完善其对应的基本属性集合。基本属性中的所有信息值均可以直接获取（如通过
智能主体的映射）或者经过推理和计算得到。行为数据包括历史数据和实时数据，
历史数据可从智能数体的知识库获取，实时数据则通过智能数体的实时感知获得。

　　数据层可表示为二元组，即 数据层 = 〈创始属性，动态属性和行为〉，创始属
性（也可称为初始属性，与智能数体的标识相关）是相对静态的属性，可用于交
易过程中智能数体的标识和查找，创始属性伴随着智能主体的产生而出现，是智
能主体所有属性中最稳定的，且在智能数体的发展过程中基本保持不变。在产生
智能数体时，界定智能主体是否映射智能数体的最简单标准就是智能数体的本
体模型有无创始属性。对不同类型的智能主体来说，创始属性是不同的，如自
然人的创始属性为伴随着出生的遗传学信息（如眼睛的虹膜特征、指纹、血型、
肤色）；企业的创始属性为企业的唯一标识（组织机构代码）；组织机构的创始
属性为组织机构的唯一标识（全国组织机构统一社会信用代码）；智能物品的创
始属性为伴随着生产或者制造产生的身份识别码。而动态属性和行为是本体模型
的非必选属性，动态属性的存在是为了更好地展示智能数体、撮合交易；动态行
为是对智能数体的历史行为和实时行为的抽象统一描述，可以用三元组表示，即
动态行为 = 〈行为名称，行为时间，行为结果〉。

　　在初始化智能数体时，本体模型中的动态属性和行为可能较少，但随着智能
主体到智能数体的映射和两者之间的交互，该部分信息会逐渐趋于完善，同时，
智能数体的智能水平也会逐渐提高。智能数体本体模型中的动态属性和行为是可
扩展的，在后面介绍的不同类型的本体模型中，仅定义正常交易所需的最基本的
动态属性和行为，具体扩展可根据实际交易需求，利用最小完备集或者聚类分析
等方法不断学习得到。

2. 供需层

　　供需层主要描述智能数体的供给集合、需求集合及互动空间（以下简称交互
圈或圈子），供给集合指智能数体的供给，需求集合是智能数体的各类需求，由于
智能数体的供给和需求交互与其他智能数体进行沟通协作才会有意义，供需层也

需要为智能数体构建交互圈的基本构成。上述三部分都是分领域的，对同一智能数体来说，其供需层分为动态和静态两部分，供需历史及历史的圈子都是静态信息，描述供需能力及历史交互对象，而实时更新的供需为动态信息，是实时、动态变化的。

智能数体本体模型中的需求集合由智能数体的需求组成，其需求可以抽象为三元组，即〈需求描述，〈需求特征〉，时间戳〉，其中，需求特征由智能主体到智能数体的映射和基于智能数体的历史行为信息计算而来；时间戳用于区分需求是历史需求还是实时需求，并约束需求的有效时间。智能数体在对外发布需求时，将需求描述和需求特征打包发出。在每个圈子中，智能数体根据需求查找供给，若因需求特征不够详细，不能匹配到最终的最佳结果，则返回当前匹配到的较佳结果，由智能数体判断，若不是最佳结果（不是最符合的结果），则智能数体辅助细化特征，再次发出需求。

智能数体本体模型中的供给集合由智能数体的供给组成，其供给可以抽象为三元组，即〈供给描述，〈供给特征〉，时间戳〉，其中，供给特征是智能数体自身对于供给的标签，供给特征来源于智能主体到智能数体的映射，或者由基于智能数体的历史行为信息计算而来；时间戳用于区分供给是历史供给还是实时供给，并约束供给的有效时间。供需匹配时，根据自身供给特征，与圈子里发出需求的智能数体进行相似度计算，并返回相似度最大的几个匹配结果（即可供给的最匹配的几个需求）。

智能数体本体模型中的交互圈由智能数体的关联对象组成，可以抽象为三元组，即〈圈子编号，圈子特征编号，圈子成员〉。

3. 应用层

应用层是面向表现层及促进迅速、准确交易匹配的桥梁，其建立的目标是更好地达成交易，撮合智能数体在交易过程中的供需匹配，同时也为了能够更好地定制个性化的表现模型，实现对不同智能数体在各类场景中的个性化展示。应用层是分领域和场景的，是对数据层的进一步抽象、挖掘和计算，以便更好地促成交易，应用层的值多用标签形式表示。应用层的定制方法可以分为三类：①基于群体数据，通过如聚类、深度神经网络等机器学习技术刻画不同智能数体的群体画像及标签体系；②根据现有的各类标准、规范和文件对具体领域的要求，制定合理的应用标签；③自定义标签，作为新兴领域和场景进行应用外延。

4. 表现层

表现层能够辅助定制个性化的智能数体表现模型，分为功能（行为）视图、资源视图、信息视图和组织视图四种视图，完全涵盖我是谁、我的供给、我的需求和我的空间/交互圈这四个维度的信息。功能（行为）视图描述智能数体的行为功能，展示的是智能数体自身具有的与某种功能或者行为相关的信息；资源视图描述智能数体具备的供给资源及自身各类资源的组合；信息视图描述智能数体的基本信息，包含静态和动态属性，静态属性为基本属性，动态属性为实时更新的供需及行为等；组织视图描述智能数体的组织结构信息，包含智能数体自身的结构和圈子信息（其处于众智网络中的生态位）。

表现层中的各类视图如表 4-1 所示。

表 4-1　智能数体表现层

智能数体	功能（行为）视图		资源视图		信息视图		组织视图	
	示例	展现形式	示例	展现形式	示例	展现形式	示例	展现形式
自然人	购物行为	自然人在购物场景中的需求、偏好、自身基本数据等画像	自然人的供给	自然人技能等	自然人的基本信息	创始属性等基本静态信息和基于场景的动态信息、供需、行为	自然人所属组织	自然人的圈子信息
企业	投资功能和行为	企业对外投资和自身被投资的知识图谱	企业生产的产品信息，企业供给能力	产品信息、企业的供给信息（产品供给、职位供给等）	企业信息公开	新闻信息、投资信息、招聘信息、供需信息、行为信息等	企业组织架构	高管、领导、企业行业地位、合作与竞争关系、企业圈子
组织机构	政务服务功能	组织服务水平、服务能力、业务功能信息	组织的服务能力	如办事效率	政务公开	文件解读、各类人事变动的信息等	组织的分形结构	下设什么部门、部门包含哪些员工
智能物品	物品功能	物品的用途功能信息	物品自身的资源能力描述	如续航能力、使用寿命等	物品状态信息		所属单位或自然人	实时被管辖的单位（位置，如签字、盖章的文件送到哪了）

因此，智能数体的本体模型可以定义为〈〈创始属性〉，〈动态属性和行为〉，〈供给集〉，〈需求集〉，[〈应用层标签〉]，[〈功能视图〉，〈资源视图〉，〈信息视图〉，〈组织视图〉]〉。

4.1.2　智能数体的结构模型

智能数体是智能主体在信息空间的真实映射，是参与众智网络中各种交易的基本单位，为实现在众智网络中的交互，其在众智网络中应具备自治性、反应性、能动性、社交性和适应性五个特性。第一，智能数体在运行过程中，能够在不受智能主体干预和指导的情况下，根据自身的知识和内部状态并结合对外界环境的感知来自主决策，控制自身的动作和行为，即自治性；第二，智能数体处于时刻变化的众智网络中，应该具备感知环境变化的能力，并能对环境的变化做出相应的决策和反应动作，即反应性；第三，智能数体具备心智，其行为不是简单地对环境的反应，而是结合自身心智或者倾向，主动地表现出与智能主体倾向相同的行为，即能动性；第四，在众智网络中，智能数体在参与交易（广义的交易，指泛化的供需匹配、协作）时，需要与其他智能数体进行合作、竞争等博弈，无论是哪种协作，都需要与其他智能数体进行交互，智能数体具备自己的协作圈子，即社交性；第五，智能数体需要能够根据自身知识库的事实和规则进行推理，具有学习或自适应的能力，并在交互过程中学习新的知识和策略，提升自身的智能水平，即适应性。

　　针对智能数体的特性和其在众智网络中的行为逻辑，Wang 等在传统的智能体模型的基础上进行了扩展，同时为了真实、准确地反映出智能主体的心理倾向，借鉴心理学认知的研究框架，从我是谁、我的供给、我的需求、我的交互圈四个维度建立了如图 4-2 所示的智能数体结构模型框架[141]。智能数体的结构模型由七个部分组成，包括智能数体的属性集、知识库、策略库、感知模块、心智模块、决策模块和执行模块。

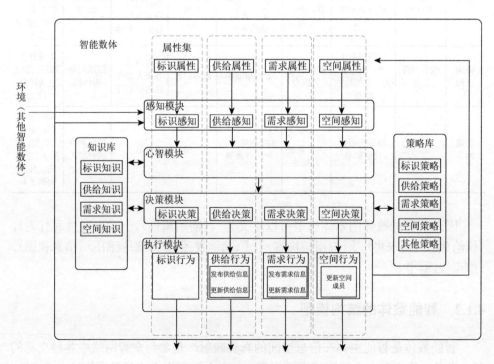

图 4-2　智能数体结构模型框架

1. 智能数体的属性集

智能数体的结构信息是指智能数体之间进行交易前的初始交互信息，若没有这些基本信息，智能数体将无法运行，智能数体的属性集（attribute set of digital-self）记录着智能数体的基本结构信息，即参与众智网络交易的交易主体和对象的基本组成参数。同时，智能数体的属性集包含静态函数信息，以便智能数体显示它们能做什么、提供何种功能和何种供给，因此，当把现实世界投射到众智网络时，智能数体的属性集包含结构属性集（structure attribute set，SAS）和功能属性集（function attribute set，FAS），即 AS = ⟨SAS，FAS⟩，其中，AS 表示智能数体的属性集，FAS 包括专业技能和综合技能，SAS 可分为基本结构属性集（basic structure attribute set，BSAS）和扩展结构属性集（extended structure attribute set，ESAS）；但是，并不是所有的智能数体都包含 ESAS。因此，可以总结为 AS = ⟨BSAS，[ESAS]，FAS⟩，其中，方括号中的属性可以为空。

智能数体的属性集可以分为我是谁、我的供给、我的需求、我的交互圈四个维度。

1）"我是谁"维度

智能数体的标识包括 BSAS（如姓名、身份证号码、出生或生产日期、联系方式等）、ESAS（如由出生日期推导出的年龄、星座等）和 FAS（描述智能数体可以做什么，如擅长写作、会编程、具有照相功能等）。上述 AS = ⟨BSAS，[ESAS]，FAS⟩ 为智能数体属性集的基本框架，不同类型的智能数体有不同的实例子集。例如，对人的智能数体而言，BSAS 还包括身高、体重和身体的各种参数等信息；对企业的智能数体而言，BSAS 还包括企业部门的组成、人员结构等信息；对组织机构的智能数体来说，BSAS 可能还包括组织机构的部门组成、行政级别等信息。ESAS 存储的是扩展属性信息，用于数体之间进行沟通理解以便达成交易，例如，从出生日期推断年龄，即出生日期→年龄。FAS 体现了智能数体的功能和能力，如一个自然人可以写程序、做网站，一个企业可以生产牛奶等。

2）"我的供给"维度

智能数体的供给描述了智能数体所能提供的东西，包含有形的物质（如食物、衣服等）和无形的供给（如技能、服务、知识等）。可以从供给的角度将智能数体的属性集描述为 AS = ⟨供给是什么，供给的详细信息，供给的相关功能⟩。例如，当供给为商品时，供给的详细信息可能是供应的数量、质量、时间和地点，供给的相关功能包含发布供给信息和计算历史供给记录等功能。

3）"我的需求"维度

智能数体的需求描述了智能数体需要什么，与供给类似，也包含有形的物质（如食物、衣服等）和无形的需求（如技能、服务、知识等）。可以从需求的角度将智能数体的属性集描述为 AS = 〈需求是什么，需求的详细信息，需求的相关功能〉。需求可能是商品或技能，需求的详细信息可能是需求的数量、质量、时间和地点，需求的相关功能包含发布需求信息和预测未来的需求等功能。

4）"我的交互圈"维度

智能数体的交互圈描述了不同智能数体之间的交互和交易关系，如隶属、包含、合作、对抗等关系。可以从关系连接的角度将智能数体的属性集描述为 AS = 〈智能数体在交互圈中的身份标识，详细的交互圈信息，与构建交互圈相关的功能〉。例如，张三这一智能数体在不同交互圈的身份可能是父亲（血缘圈）、老板或员工（商务圈）；详细的交互圈信息描述了该交互圈的特征及交互圈的成员标识等；与构建交互圈相关的功能包含但不限于建立新的交互圈、退出旧的交互圈等。智能数体的连接交互圈集包括朋友圈、血缘圈、商务圈和政务圈等，每个交互圈又可以包含许多子集。

2. 智能数体的知识库

智能数体的知识库（knowledge library of digital-self）主要存储陈述性知识，包括自传体记忆[142]及智能数体在发展和进化过程中学习到的推理规则、约束和知识等，这些都被认为是智能数体拥有的广义知识，这些知识将用于决策过程。智能数体的自传体记忆是指其对复杂生活事件的混合记忆，与记忆的自我体验密切相关；推理规则是指在语义推理、时空推理和逻辑推理过程中，智能数体使用的一些规则；约束包括语义约束、数值约束、性质约束等；知识包括身份标识知识、供给相关知识、需求相关知识和交互圈的知识。

智能数体的知识库同样可以划分为四个维度。第一，"我是谁"的标识知识包括静态知识和动态知识，静态知识包括辅助智能数体进行认知的稳定环境信息、常识知识（如国家政策、行业标准等）、推理规则和保持不变的智能数体信息；动态知识指的是智能数体自我更新的信息，如智能数体在交互过程中学习到的规则及对自我信息的认知更新等；第二，"我的供给"的知识指智能数体的历史供给信息集和已完成的交易信息，包括交易主体和交易客体的详细信息、交易记录、交易物流信息、交易评估信息等知识；第三，"我的需求"的知识指智能数体的历史需求信息集和已完成的交易信息，包括交易主体和交易客体的详细信息、交易记录、交易物流信息、交易评估信息等知识；第四，"我的交互圈"的知识指的是智能数体过往在众智网络中的交互成员构成的交互圈子信息，是智能数体历史交互圈的知识记录。

3. 智能数体的策略库

众智网络中的智能数体通过竞争、合作等博弈策略进行交互和协作，实现众进化。智能数体的策略库（strategy library of digital-self）主要存储策略知识，辅助智能数体在交易过程中对任务的理解、对策略方法的选择和对交易过程的调控。

同时，智能数体的策略库中还存储着各类与智能数体运行相关的策略，包括但不限于感知策略、自我调整策略、合作策略、竞争策略等。智能数体的策略库不是一成不变的，在智能数体的智能进化过程中学习到的策略也存储在策略库中，这些策略都将被应用到智能数体的决策过程中，促进智能数体的智能水平的进一步提升。

4. 智能数体的感知模块

智能数体的感知模块（perception module）需要感知两类信息：众智网络中智能数体自身的信息和其他智能数体的信息，包括标识感知、供给感知、需求感知和空间感知。因此，感知模块需要感知的内容包括智能数体自身的身份信息和众智网络中其他智能数体的身份信息、智能数体自身的供给信息和众智网络中其他智能数体的供给信息、智能数体自身的需求信息和众智网络中其他智能数体的需求信息、智能数体自身的交互圈信息和众智网络中其他智能数体的交互圈信息。

5. 智能数体的心智模块

物理空间中的智能主体在交互与协作过程中，其意识空间的心智和意识起着重要的作用，意识可以影响智能主体的决策，这也反映了智能主体的智能性和复杂性。因此，为了全面、真实、准确地反映智能主体，智能数体的心智建模必须考虑意识和心智因素。意识本身是极其复杂的，包含的内容和运行机理更是缺乏统一且清晰的体系，尤其是在认知领域，目前，认知科学和脑科学研究的理论较多，但可计算模型理论较少且都比较片面地针对一种或者几种心智因素，认知科学和脑科学的研究多以人为研究对象，但是在众智网络中，智能数体还包括企业、组织机构和智能物品三类，除了智能物品这类智能数体，所有的智能数体都可以记录从智能主体映射过来的心智，因此需要建立一个统一的心智模型框架。（这里要注意，智能物品的智能主体是不具备心智和意识的，因此其对应的智能数体本身也不具备心智，但是当智能物品的智能数体参与其他智能数体的交互过程或者依附于其他三类智能数体时，可能会具备相似的心智，但本质上是其他三类智能数体心智的转移，智能物品自身是不具备心智和意识的。）

意识和心智对决策的影响十分复杂，无法用简单的线性关系来描述。在对心智模块（mental module）的建模中，需要考虑多种心理因素的影响，以及需要考虑自然人、企业和组织机构这些不同智能数体的心智构成可能是不同的。因此，定义智能数体的心智模块的通用结构为 $M_D = \langle M_1, M_2, \cdots, M_n \rangle$，其中，$M_n$ 表示智能数体心智的第 n 种分量，如人的倾向、偏好等。下面定义了自然人和企业的智能数体的心智模块。

对从人映射而来的这类智能数体来说，其心智模块是四类智能数体中最复杂的，其心智模块的构建可以借鉴心理学中知、情、意的认知框架，图4-3展示了智能数体的心智模块框架。

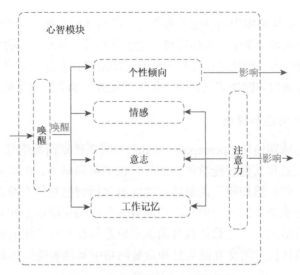

图 4-3　智能数体的心智模块框架

正如前面所说，人的心智是最复杂的，涉及复杂的认知（cognition）、情感（emotion）、意志（volition）等因素，因此建立完备的人的智能数体心智模块有助于继续研究其他智能数体的心智模块，其他智能数体的心智模块在此基础上进行简化和修正即可。如图 4-3 所示，心智模块的控制阀是唤醒（arousal），心理学中的唤醒指的是一种警觉的程度状态，在此它表示智能数体在心理和生理上是否准备好做出反应，并能控制对外界环境刺激的感知接受程度。除唤醒外，智能数体心智模块中的其他因素参照心理学认知理论，可以分为心理过程（psychological process）和心理倾向（mental disposition）两部分。心理过程包括认知、情感和意志，会在注意力（attention）机制的作用下影响决策过程。注意力机制在整个心理过程中起着重要的作用，它在不同的交易中，通过关注不同的心理因素来影响决策。认知是指人们获取知识或应用知识的过程，或对信息加工过程中知识的延展，是人类最基本的心理过程，在智能数体的心智模型中，认知主要包括工作记忆（working memory），工作记忆通常也称为短时记忆，它包括存储和管理信息的过程，这些信息是完成推理、理解和学习等关键任务必需的，可以帮助智能数体做决策；情感是态度这一整体中的一部分，它与态度中的内向感受、意向具有协调一致性，是态度在生理上一种较复杂而又稳定的生理评价和体验，可以影响智能数体的决策；意志是一种心理过程，在这个过程中，人们有意识地确定自己的目标，并控制自己的行动，以克服困难、达到预期的目标，例如，智能数体可以在自制力等特定意志的影响下做出决定。心理倾向包括能力、气质、个性、价值观、动机、偏好、意图等，它可以影响智能数体的决策并直接引发某些特定的行为和交易。例如，在众智网络中，智能数体的人格特质（personality traits）是一种能够长期、稳定地影响行为的特征，驱动智能数体的内隐特征对外表现出特定的行为；再如，偏好（preference）会使智能数体在一定时间内做一定的事情或选择一定的商品等。

因此，对于自然人的智能数体，其心智模块可以描述为

$$M_{DI} = \langle A, V, E, W_d, W, M_{other} \rangle$$

其中，M_{DI} 表示自然人智能数体的心智（the minds of digital-self of individuals）；A 表示唤醒水平；V 表示意志因素；E 表示情感因素；W_d 表示心理倾向（如性格和偏好等）；W 表示工作记忆；M_{other} 表示其他的心智成分，在未来的研究中可以根据心理学、认知科学、神经与脑科学进行补充。

在度量自然人智能数体的心智成分时，心智模块的组成成分的值可以是离散的，也可以是连续的，具体可根据智能数体决策的影响机制进行确定，在传统的心理学研究中，已经存在大量的量表，以期实现对心智成分的量化，部分是可以借鉴的。但是在众智网络中，智能数体是智能主体及其心智的真实、准确映射，部分现有的量表可能难以度量智能数体的心理倾向，因此需要建立适用于众智网络的心理倾向量表或者心智成分挖掘算法，本书在后续章节中也给出了一些研究和探索。另外尤其要注意，注意力机制体现在心理因素的数值上，表明在不同的决策或者交易中各类心智成分对决策的影响程度，注意力的值难以根据具体的量表或者规范进行界定，往往是利用机器学习、深度学习等技术，结合海量智能数体的数据挖掘出来的。

对企业的智能数体来说，其心智模块可以定义为

$$M_{DE} = \langle Sr, C, Ope, Val, M_{other} \rangle$$

其中，M_{DE} 表示企业智能数体的心智（the minds of digital-self of enterprises）；Sr 表示企业的社会责任感（social responsibility）；C 表示企业的创造性（creativity）；Ope 表示企业的开放性（openness）；Val 表示企业的价值观（values）；M_{other} 可能包括企业领导者的情感和意志等。与自然人智能数体的心智成分的度量类似，企业智能数体心智成分的度量也需要结合传统的度量，运用大数据和机器学习方法，制定出适合众智网络的企业心智度量量表和体系。

6. 智能数体的决策模块

智能数体的决策模块（decision-making module）包括标识决策、供给决策、需求决策和空间决策，每个组件可做出不同的决策，这是智能数体行为和动作的前驱。与此同时，智能数体决策模块所做的决策会被反馈给智能主体，以帮助智能主体做出更好的决策。关于智能数体的决策过程，将在后面结合智能数体的运行逻辑进行介绍。

7. 智能数体的执行模块

智能数体的执行模块（action module）负责执行决策模块发出的决策，一方面为内部环境提供反馈，如更新智能数体自身的属性信息；另一方面，智能数体通过执行模块与外部环境进行交互，如与其他智能数体协作，完成众智网络中的各类交互行为，达成交易。关于智能数体执行模块的动作，将结合智能数体的运行逻辑进行阐述。

至此，已经对智能数体结构模型的各组成部分进行了详细的解释，智能数体的结构属性决定了其静态功能，是产生行为的基础，智能数体的各组成部分将动态协作完成智能数体的行为功能。图 4-4 展示了智能数体结构模型组成部分的动态关系[141]。（注意，自然人、企业、组织机构、智能物品等智能数体的组成部分的动态关系可能有所不同。这一挑战需要在今后的工作中加以研究，在本书中不单独描述。）

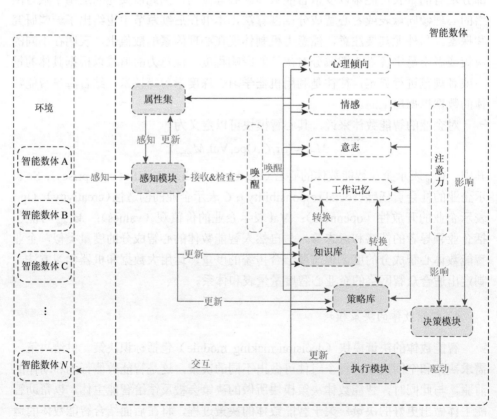

图 4-4　结构模型组成部分的动态关系

（1）感知模块从自身的属性集和环境中分别感知智能数体自身和其他智能数体的身份、供给、需求和交互圈的状态信息，这些信息将被用来更新智能数体的知识库和策略库，并传递到心智模块。

（2）心智模块接收并检查感知模块感知到的信息。经过心智运算后，其结果将被用来影响决策模块。这里以自然人智能数体为例，在自然人智能数体的心智模块中，唤醒结构反映了智能数体的警觉性状态，即反映了智能数体在心理和生理上是否做好了响应外界刺激或者发起目标驱动行为的准备，唤醒结构会激活并继续传导，进而影响心理倾向因素、情感因素、意志因素、工作记忆、知识库和策略库。在心智的影响过程中，心理倾向因素直接影响决策过程，其他心理因素在注意力的作用下间接影响决策过程，同时，工作记忆与知识库和策略库中的知识可以相互转化。

（3）决策模块受感知模块的驱动，并受心智模块的影响，它负责推理和决策。在推理和决策过程中，决策模块需要利用知识库中的知识和策略库中的策略进行决策，并将综合各类知识在心智影响下做出的决策传输给执行模块。

（4）执行模块接收到决策模块做出的决策后，选择不同的组件来执行不同的决策任务，从而更新智能数体自身的属性集、知识库、策略库和心智模块，最终完成与其他智能数体的交互。

循环执行上述（1）～（4）步，并在执行的过程中将符合智能数体需求的决策反馈给智能主体，辅助智能主体进行决策，即可达成交易。在不同智能数体之间进行交互与合作的过程中，各智能数体从其他智能数体的策略库中学习合作、竞争等博弈策略，并在智能数体知识库的知识基础上充实自己。同时，智能数体的智能水平将得到提高，最终实现众智网络中智能数体的进化。

4.1.3　智能数体的行为模型

众智网络中存在海量异质异构的智能数体，其交互对象是复杂且难以控制的，众智网络的全网状态多变且难以统计，但是在每一次交易中，存在以下特征：①单次智能数体交易的交互环境是相对稳定的；②在建立智能数体的交互圈后（关于如何建立众智网络的互联结构将在第 5 章进行描述，本节不做赘述），智能数体的交互对象是确定的，即参与交互的智能数体是固定的；③每个智能数体的目标是明确的，都是向着满足自身需求并朝着提高自身智能水平的方向发展，所以其目标函数是明确的；④智能数体在任何一次决策中的策略都是明确的，因为在任意子协作任务下，智能数体要么作为供给方提供自己的供给，要么作为需求方发布自己的需求，要么不参与交易；⑤智能数体在心智影响下的决策行为的概率分布是可以计算的，即智能数体的策略函数可以形式化表示。

因此，智能数体的行为与 RL 的思想较为吻合，可以通过 RL 技术建立智能数体的行为模型。基于 RL 的智能数体的行为模型可以通过 MDP 表达，智能数体的 MDP 由一个五元组构成，即 $\langle S, A, P, R, \gamma \rangle$。

S 表示状态的集合，智能数体的状态集合包含智能数体的心智。$s \in S$，s 为集合中的状态。

A 表示动作的集合。$a \in A$，a 为集合中的动作。

P 表示状态转移概率矩阵。$P_{ss'}^a = \mathbb{P}[S_{t+1} = s' \mid S_t = s, A_t = a]$，$t$ 表示当前时刻；s' 表示下一个状态；$\mathbb{P}$ 表示概率；$P_{ss'}^a$ 表示在 t 时刻、当前状态 s 下，经过动作 a 的作用后，转移到下一个状态 s' 的概率分布。

R 表示奖励函数。$R_s^a = \mathbb{E}[R_{t+1} \mid S_t = s, A_t = a]$，$\mathbb{E}$ 表示期望；R_s^a 表示在 t 时刻、当前状态 s 下，经过动作 a 的作用后，得到的奖励 R_{t+1} 的期望值。

γ 表示折扣因子。$\gamma \in [0,1]$，γ 是未来的奖励在当前的折扣。设置折扣因子表示重视即时奖励，对延迟奖励进行折扣。如果 γ 接近 0，表示当前奖励的评估是短视的；如果 γ 接近 1，表示当前奖励的评估是远视的。

在智能数体的行为决策过程中，将对环境的感知、对自身的感知及自身的心智状态三方面建模为当前智能数体的状态空间，智能数体可能采取的行为构成了其行为动作的集合，根据智能数体的供需匹配程度对智能数体的奖励进行建模，对于智能数体供需匹配中的通信代价、时间代价等，可以通过折扣因子进行合适的表达。

研究单个智能数体独立的行为模型是没有意义的，因为智能数体存在于众智网络中，其行为和决策都是不断和环境（其他智能数体）进行交互而产生的，因此对智能数体的行为模型的研究更多聚焦于智能数体在众智网络中的决策机制方面，这部分将在 4.4 节中重点介绍。

4.1.4 智能数体的表现模型

在众智网络中，智能数体是智能主体的完备表达，但在不同的具体场景中会有不同的体现，即同一智能数体的本体模型是唯一的，但其表现模型是多样的，需要针对场景制定个性化的策略，在不同的场景根据具体需求展示不同的门户。

智能数体的表现模型根据场景定制，涉及场景、交互流程的需求，由智能数体本体模型中的属性组合而成。智能数体表现模型的构建是一种基于场景的需求驱动的自动化构建过程，而场景中存在多个子场景，每个场景由多个流程组成，因此，智能数体的表现模型是根据流程需求从智能数体的本体模型中迭代抽取的。

算法 4-1　智能数体表现模型的个性化定制算法

Suppose：智能数体的本体模型是完备的。
Input：智能数体的本体模型的属性集合 O，交易场景集合 $\Omega = \{S_1, S_2, \cdots, S_n\}$，场景中的处理流程集合 P。
Output：智能数体的表现模型的属性集合 B。

$B = \{$创始属性$\}$
While $\Omega \neq \varnothing$
　　取子场景，子场景中的处理流程集合 P；
　　While $P \neq \varnothing$
　　　　根据子场景处理流程中的数据需求，取本体模型中的各类属性，记为 sub-B；
　　$B \leftarrow B \cup$ sub-B；
Output B

下面以医养健康场景为例，说明表现模型的定制过程。医养健康众智网络涉及多个智能主体，包括患者、医务人员等自然人，医院、社区门诊、药店及互联网医院、保险公司等企事业单位，医保管理机构、国家卫生健康委等卫生健康管理服务机构，智能医疗器械、智能健康设备等智能物品，其中，自然人这一智能主体主要参与患者就医、医保报销、医保购买等关键场景。

考虑患者的看病流程，其表现模型应包含患者的基本数据中的基本健康水平、体检数据、参保水平、历史就医记录、就医偏好、消费水平等关键因素；考虑患者的医保购买流程，其表现模型应包含人的消费水平、职业、地域、工作情况、收入、健康水平；考虑患者的医保报销流程，其表现模型应包括病例资料、医生对疾病开具的诊断证明、使用的药品清单明细、医疗费用的发票或者收据、出险人的银行卡信息、投保人的身份证原件及复印件等必要因素。因此，在医养健康场景中，患者智能数体的表现模型（或者门户）为上述智能本体数据的并集。

4.2　智能数体映射

在明确智能数体的模型设计后，还需要建立智能主体到智能数体的映射方法，本节将给出智能数体的映射规则和方法，并对四类智能主体中的数据层和供需层进行定义。

4.2.1　智能数体的映射规则和方法

众智网络的映射主要包括两大类：通过输入设备采集映射进入信息空间和通过数据服务器映射进入信息空间。

现实世界中存在众多的数据感知和收集设备，声音、光感、温度等传感器可以感知周围环境，手机可以拍照上传，录音笔可以采集音频，智能手环等各类智能设备能够实时监测人体健康数据，这些设备都能将映射传输到众智网络的信息空间中。此外，现实世界中存在众多的门户网站和数据库，尤其是各级各类政府数据库，拥有权威的智能主体数据，是智能主体的天然数据仓库；各类移动应用程序的后台数据库也存储着大量的用户信息，是智能主体信息的重要来源之一。各类智能主体在使用应用程序或者登录网站时会产生各种在线行为，这些行为轨迹会将智能主体的数据进行记录和映射，即通过各类网站、平台的数据库和数据服务器映射智能主体的各类信息和历史行为记录。智能数体的映射示意图如图 4-5 所示。

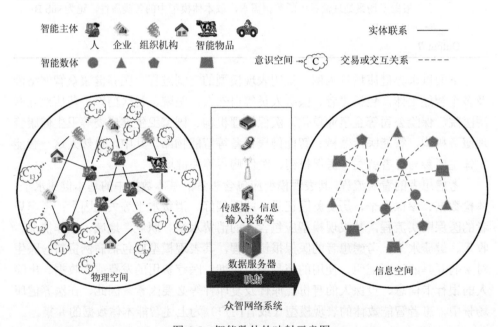

图 4-5　智能数体的映射示意图

要实现众智网络中智能数体之间的交互、协作和进化，需要将物理空间的智能主体及其在意识空间的意识全面、真实、正确、同步地映射到众智网络中，因此构建信息、物理、意识三元融合的众智网络，建立从智能主体到智能数体的映射规则和映射方法对建模过程至关重要。

1. 智能主体到智能数体的映射规则

1）映射规则一：智能主体与智能数体间的映射是双射

物理空间的智能主体到众智网络中智能数体的映射是一一映射。从数学角度来看，智能数体是一个智能主体集到智能数体集的单射和满射映射。

2）映射规则二：智能主体到智能数体的映射应遵循数据一致性原则

当把现实世界映射到众智网络中时，智能主体和智能数体之间的数据必须是一致的，同时要保证众智网络中智能数体的结构模型与行为模型之间的数值约束和数据一致性。数值约束主要是指数据的范围，例如，对自然人这一智能数体来说，其年龄不能是复数；数据一致性是保证两个模型之间的值和测量单位是一致的，例如，在结构模型中，自然人智能数体的需求是 1L 牛奶，那么，在行为模型中，行为应该是产生 1L 牛奶的需求。

3）映射规则三：智能主体到智能数体的映射应遵循语义一致性原则

当把现实世界的智能主体及其意识映射到众智网络的智能数体时，智能数体可以通过结构模型和行为模型展示出来，二者之间存在语义一致性约束。同一智能数体对象的含义在结构模型和行为模型中应该是相同的。例如，一个自然人智能数体提出了一个模糊的需求——需要一个苹果（apple），苹果的意思可能是一种水果或苹果公司的智能手机，在智能数体决策过程中，应该通过心智及历史行为数据分析得出具体的需求，然后反馈给智能数体，保证在此交易过程（需求查找过程）中结构模型和行为模型的关键语义是一致的。

4）映射规则四：智能主体到智能数体的映射应遵循语义完整性原则

从现实世界到众智网络的映射在语义上必须是完整的。与物理空间智能主体的交易和协作相关的所有数据都应该映射到众智网络的智能数体中，以保证智能数体的完备性，促进交易的达成。例如，自然人智能数体的基本信息至少应该包括证件号、出生日期和性别，以对智能数体中的交易对象进行识别和查找，在映射过程中，这些信息应该完全映射到智能数体。

2. 智能主体到智能数体的映射方法

在现实世界中，有些关于智能主体的原始数据是可以直接获取的，如人的体重和身高、历史行为记录及企业的联系方式和地址等；有些数据是无法通过智能主体的自身信息直接获取的，而需要经过一定的计算推理，如自然人未主动报告自身的心理倾向或者隐藏自然人的真实倾向等。由于智能数体是智能主体信息的全面、真实映射，所有关于智能主体的信息都应该被映射到众智网络中，并由智能数体记录下来，这些信息应该被直接或间接地映射到结构模型的框架中。在众智网络中，映射方法可以分为直接映射和间接映射两类，直接映射是指将人的体重、身高等基本属性数据直接映射到智能数体。然而，有些心智数据不能直接从智能主体的原始数据中获得，在这种情况下，可以通过心智计算的方法，如情感计算和情绪分析，从行为记录中获取数据，这类方法属于间接映射。

1）直接映射

在现实世界中，关于智能主体的海量数据通过电子、纸质等各类媒介被记录和存储，这些数据大部分是可见且易于获取的，可以直接映射到智能数体结构模型的属性集、知识库、策略库等对应部分，部分网络用户也提供了自身的部分心智属性，如个人偏好、人格特质测量结果等，这些数据可以直接获取，但是由于网络的匿名性，部分由用户直接提供的心智数据是不准确的，仅可作为初始化智能数体时其心智的一个参考，具体心智成分的映射是通过间接映射计算获得的。

智能主体的基本属性信息可从互联网的各种数据报告、智能穿戴或者监测设备等获取。例如，对于一个自然人智能数体，其身高、体重和肺活量可以从他的体检报告中获得，心率可以通过智能手环获得，教育信息可以在教育网站上找到，他的部分朋友圈可以在各类社交网络平台上找到，所有的这些数据都将被直接映射到智能数体对应的模块。

现在已有很多关于智能主体直接映射的研究和具体方法，如知识图谱、实体识别与语义消歧、自然语言处理等技术，这些技术均已十分成熟，可以辅助实现智能主体到智能数体的直接映射。

2）间接映射

在智能数体的结构模型中，有些属性值是难以直接获取的，尤其是与智能数体心智相关的因素，无法从互联网的原始数据、各种数据报告和智能设备中直接获取。在这种情况下，可以从原始数据（如行为记录）中推断或计算智能数体的属性值。例如，在心智成分的获取上，基于网络行为数据预测人格特质和进行情感分析已经成为心理学和计算机科学的交叉学科研究的一个热点，且已经有了相对成熟的算法，如基于脸谱网的点赞数据预测人格特质[143]、基于微博预测人格特质[144]、基于微博数据和淘宝行为记录预测购买人的购物倾向[145]等，这些研究都证明了众智网络环境下的心智是可计算的，并为将智能主体的心智和意识映射到智能数体提供了一系列的研究思路和方法。

此外，还可以通过机器学习和 RL 的方法得到心智模型的许多组成部分的属性。例如，现实世界映射到智能数体的策略库在初始时的策略可能是极少的，可以基于直接从现实世界获取的最初策略，利用机器学习算法或一些博弈论模型来模拟智能数体之间的交互并生成新的策略和机制，以对策略库进行更新和完善，这也属于间接映射的范畴。

4.2.2　自然人的智能数体模型

自然人智能数体的数据层包含自然人标识、人口统计学属性、社会属性、心理属性和健康属性。

1. 自然人标识

自然人在众智网络中的标识需带有遗传特征，因此自然人的创始属性（标识）为遗传学信息特征，如眼睛的虹膜特征、指纹、血型、肤色等。

2. 人口统计学属性

众智网络中自然人的人口统计学属性应至少包含证件号码（身份证号或者护照号）、姓名、性别、出生日期及地域属性（籍贯、家庭住址和工作地址等），证件号码为单值属性，不可为空；地域属性依据自然人当地的行政区划标准，不可为空。

3. 社会属性

众智网络中自然人的社会属性应至少包括联系方式（联系电话、邮箱、微信号等）、收入情况、家庭状况（婚姻状况、生育状况、父母状况等）、教育背景（受教育程度、毕业学校、毕业专业、入学时间、学制等）、工作情况（工作单位、职业、职务）等。

4. 心理属性

众智网络中自然人的心理属性应至少包括性格、偏好、情感倾向等。

5. 健康属性

众智网络中自然人的健康属性应至少包括身高、体重、血型、肺活量、血压及其他基本体检指标（血脂指标、血常规指标、尿常规指标、肝功能指标、肾功能指标、输血全套指标等）。

众智网络中自然人的供需层数据可通过〈需求集，供给集，交互圈〉三元组表达。

需求集 =〈需求描述，〈需求特征〉，需求时间戳〉，需求由智能主体发出，需求描述不能为空；需求特征用来与供给方的供给进行匹配计算；需求时间戳用来甄别需求是历史需求还是实时需求。

供给集 =〈供给描述，〈供给特征〉，供给时间戳〉，其中，供给特征用来与需求方的需求进行匹配计算；供给时间戳用来甄别供给是历史供给还是实时供给。

交互圈 =〈圈子标识，圈子特征，圈子成员〉，其中，圈子标识用来定位交互圈在众智网络中的位置，是唯一的；圈子特征描述当前交互圈的特征，如一个游戏圈的特征可能为游戏发烧友，一个就医场景交互圈的特征可能为某种疾病；圈子成员即当前交互圈中关联的智能数体。

4.2.3　企业的智能数体模型

企业智能数体的数据层包含企业标识、企业详细情况、高管情况、发行相关情况和参控股公司情况等。

1. 企业标识

企业在众智网络中的标识需带有遗传特征，其创始属性（标识）为企业注册成立时相关机构发放的组织机构代码。

2. 企业详细情况

众智网络中企业的详细情况应该至少包括注册号、公司名称、英文名称、所属地域、成立日期、所属行业、主营业务、产品名称、公司网址、控股股东、实际控制人、最终控制人、董事长、法人代表、总经理、注册资金、员工人数、电话、传真、邮编、办公地址。

3. 高管情况

众智网络中企业的高管情况应至少包括监事会组成、董事会组成及公司高管。

4. 发行相关情况

众智网络中企业的发行相关情况应至少包括成立日期、上市日期、发行数量、发行价格、发行市盈率、发行中签率、预计募资、实际募资、主承销商、上市保荐人等信息。

5. 参控股公司情况

众智网络中企业的参控股公司情况应至少包含关联公司名称、参控关系、参控比例、投资金额、被控公司净利润、被参股公司主营业务情况等信息。

众智网络中企业的供需层数据可通过〈需求集，供给集，交互圈〉三元组表达。需求集、供给集和交互圈的表达同 4.2.2 节中自然人的供需层数据的表达。

4.2.4　组织机构的智能数体模型

组织机构智能数体的数据层包含组织机构标识、组织机构基本信息和组织机构结构设置。

1. 组织机构标识

组织机构在众智网络中的标识需带有遗传特征，其创始属性（标识）为全国组织机构统一社会信用代码。

2. 组织机构基本信息

众智网络中组织机构的基本信息应至少包含组织机构代码、机构名称、机构简称、职能、设置日期、所在地、办公电话、邮箱、邮编等信息。

3. 组织机构结构设置

众智网络中组织机构的结构设置信息应至少包含机构设置、工作职责、领导信息等。

众智网络中组织机构的供需层数据可通过〈需求集，供给集，交互圈〉三元组表达。需求集、供给集和交互圈的表达同 4.2.2 节中自然人的供需层数据的表达。

4.2.5 智能物品的智能数体模型

智能物品智能数体的数据层包含智能物品标识和智能物品基本信息。

1. 智能物品标识

智能物品在众智网络中的标识需带有遗传特征，其创始属性（标识）为物品编码系统标识编码（numbering system identifier，NSI），是国家统一的、对全国各个物品编码系统进行唯一标识的代码，其功能是依据对各个物品编码系统进行唯一标识，从而保证应用过程的物品代码相互独立且彼此协同，是编码系统互联的基础和中央枢纽，也是各编码系统解析的依据［如智能车辆的车辆识别码（vehicle identification number，VIN）、智能手机的移动设备识别码（international mobile equipment identity，IMEI）等］。

2. 智能物品基本信息

众智网络中智能物品的基本信息应至少包含物品生产码、物品名称、功能、生产日期等信息。

众智网络中智能物品的供需层数据可通过〈需求集，供给集，交互圈〉三元组表达。

需求集 = 〈需求描述，〈需求特征〉，需求时间戳〉，需求由智能物品自身发出，用于进行供需匹配交互。

供给集 =〈供给描述，〈供给特征〉，供给时间戳〉，智能物品的供给主要为服务能力或者功能，供给特征用来与需求方的需求进行匹配计算。

与其他三类智能数体相类似，智能物品也具备权属等关联关系，但由于智能物品的关联关系较为简单，本书类比其他三类智能数体的交互圈，定义智能物品交互圈为：智能物品的权属方和干系方，通过标识与权属方建立联系。

4.3　智能数体的倾向分析

心理倾向是对智能数体在众智网络上表现出来的行为背后的心理原因的分析与推测，依据智能数体在众智网络上的行为信息轨迹，以及心理学概念和原理进行概括化分析与计算后得到的智能数体具有的、稳定性的心理特征。心理倾向具有一定的稳定性和预测特定情境中行为的能力，因此了解智能数体的心理倾向不仅可以解释智能数体发生某一特定行为的心理动因，还可以根据智能数体已有的行为模式预测智能数体再次发生某一特定行为的概率。更重要的是，还可以利用众智网络上已有的行为信息，挖掘出智能数体自己都没有意识到的深层意识与需求、行为偏好等，以期在变化的情境中预测智能数体可能出现的新需求或新行为。众智网络能够记录和提供海量关于智能数体行为及其轨迹的大数据，为准确推测智能数体的心理特性提供了坚实的数据基础。探究并制定具有较高信度（reliability）和效度（validity）的众智网络心理倾向测验量表是智能数体心智模型建模的研究目标之一。

从结构上看，自然人、企业、组织机构、智能物品等在众智网络中都会呈现出自身独有的特征，这些特征包括智能数体的需要、动机、兴趣、价值观、人格特质、能力倾向、性格倾向、思维及决策风格等。在研究方法上，众智科学中心智的研究借鉴心理学、管理学中已有的心理倾向测验量表的概念框架，参照心理测量中对某一特性心理倾向的特定内涵和具体典型行为的描述，采集和抽取智能数体在众智网络中活动的一系列行为信息，并将其作为标志性典型行为（typical behavior），以该系列行为是否出现及表现程度为评价指标（是/否，或表现程度），通过聚类和探索性因素分析建立智能数体在众智网络中的心理倾向测验量表。

从具体研究上看，由于众智网络的行为是物理空间内智能数体心智活动的映射，不完全等同于物理空间内的行为，众智网络中的心理倾向测验量表未必能够收集到所有物理空间内的测量需要的典型行为数据，如何在这种条件下确立心理倾向的结构及测量，通过三角验证的方式初步建立基于众智网络的心理倾向测验量表是众智网络智能数体的心理倾向分析要解决的第一个问题。同时，在众智网络中能够抽取海量、多次重复的关于智能数体的行为信息，如何利用这些行为信息探索并确立智能数体不同于物理空间的心理倾向结构,找到更具标志性的典型行为或行为表现形式以拓展原有心理倾向的概念结构,并进一步提高心理倾向测验量表的信度和效度是心理倾向分析要解决的第二个问题。

在众智网络中,智能数体不仅包括自然人,还包括企业、组织机构和智能物品等,极大地扩大了心理倾向的研究主体范围(对除自然人之外的智能数体进行了拟人化处理,在心理学上有群体心理、物品特征、企业文化、政府形象等相应概念)。对心理学学科,特别是心理测量学也具有开创性的意义,表现为物理空间中的心理测量大多以被测评者的自我报告为主,能力测量(最高表现测量)也往往在虚拟的任务中进行,难以真正反映被测评者的真实心理倾向。具体地说,典型行为测量存在社会赞许效应(social desirability effect),表现性测量存在任务效应(effect of task)、情境效应(context effect)甚至测验效应等的干扰,降低了测量的信度和效度。通过众智网络中的行为信息可以抽取智能数体真实行为的记录,因而能够大大提高测量的可靠性(即信度)。这种测量只要内部信度高,完全没有外部效度降低的问题,因而具有良好的生态效度。此外,心理倾向的强度是提高心理倾向对特定行为的预测准确性的重要指标。众智网络中心理倾向的测量可以通过计算标志性典型行为出现的频率估计该智能数体在某种心理倾向上的强度,智能数体在某心理倾向上的强度越强,其预测力越强,这样可以大大提高智能网络心理倾向测量的效度。

正如心理学研究揭示的那样,人的心理倾向在人的一生中会发生变化(本项目对各个智能数体进行拟人化处理),相应地,智能数体的心理倾向在一定时期内相对稳定,但也会发生一定的变化,是稳定与变化的统一。例如,智能数体的心理倾向会随自然人年龄的增长,产品周期、企业发展阶段、政府职能的转变发生相应的改变,对心理倾向的度量及对未来新情境下行为的预测也应发生变更和即时迭代,以提高预测的准确性,调节对智能数体之间的精确匹配。

4.3.1　心理倾向研究

在心理学研究中,对于研究对象,通常根据已有的理论和经验,首先提出一种预想的、希望得到证实的假设,其次检验假设,最后接受或拒绝假设。这一研究过程是一种先验的研究逻辑,即在得到研究结果之前,就对研究结果有一个假设,然后去验证这种假设。先验的研究逻辑会导致在研究过程中只能对有限的数据进行分析,进而推广到全体的局限性,在推广研究结果时要慎重。基于这种先验的研究逻辑,心理学在对心理倾向进行研究时,在物理空间中常采用问卷法和行为实验法。

问卷法是参与者对信度和效度较好的自陈问卷采用自我报告的方式进行回答,研究者根据参与者回答的结果来研究个体心理和行为规律的方法。该方法的主要优势有：①针对性强，根据研究设计与研究目的能够使用直接相关的结构化、标准化问题或者开放式问题，有针对性地搜集参与者关于研究行为的数据；②快速获取大量人群的资料，问卷法的实施有一套标准化的操作流程，可以较为快速地获取较大规模人群的数据资料。

但问卷法同时也存在主观性偏差、样本规模不够大、时效性低等方面的缺陷：①主观性偏差，问卷法由于采用自我报告的方式，研究结果存在主观性偏差，尤其是社会赞许效应的存在；②样本规模不够大，尽管问卷法在成本上相对于认知神经研究方法具有较大优势，但如果涉及更大规模人群的调查，在研究主试培训、调查问卷发放、回收等流程上仍需要高昂的成本；③时效性低，问卷法由于成本和操作方法本身等因素的限制，难以实现大样本的追踪测量。

行为实验法主要是研究者通过设计和操作不同的实验条件，观察被试在不同实验条件下产生的行为差异，从而检验实验条件是否对结果有显著影响。这种方法的主要优点有：①可以探讨因果关系，由于行为实验法严格控制了其他无关因素的影响，可以合理地相信行为结果的差异是否是由实验条件（即自变量）引起的，从而进行因果推理；②结果的可重复性和可验证性，行为实验法的实验条件是研究者根据研究目的严格设计的，而且行为实验法对实验设计过程和实施程序都有着严格的要求，对实验对象的选择、使用到的测量工具及实施过程都会给出详细的说明，其他研究者可以根据这些说明重复和验证研究。因此由行为实验法得出的结果具有良好的可重复性和可验证性。

但行为实验法在生态学效度、样本规模等方面存在一些不足。

（1）生态学效度方面：在行为实验法中，研究是在严格控制实验条件的情况下进行的，任何与当时实验情境不一致的情况都可能导致差异结果的产生，而且实验室条件与真实环境存在很大的差异，因此行为实验法普遍面临生态学效度低的问题。自然实验法虽然可以提高环境的真实性，但在操作性和无关变量控制等方面又存在挑战。

（2）样本规模小，代表性有限：行为实验法受实验室客观环境、实验人员配备等因素的限制，难以开展大规模实验。

在众智环境中，不仅有个人，也有企业及政府机构。下面将依据具体的研究来说明如何研究不同智能数体的心理倾向。

1. 个人的心理倾向

在物理空间中对人的心理倾向分析是最多的，下面选取有代表性的三个方面来说明如何使用问卷法和行为实验法对人的心理倾向进行分析。

1）性格

性格是表现在人对现实的态度和相应的行为方式中的比较稳定的、具有核心意义的个性心理特征。性格体现了个体对现实和周围世界的态度，并表现在个体的行为举止中。性格主要体现在对自己、对别人、对事物的态度及采取的言行上，更多地体现了人格的社会属性，个体之间的人格差异主要是性格的差异。

个体性格的形成不仅受到先天遗传物质的影响，同时也受到成长期的发育因素及社会环境的影响。因为每个人的先天遗传物质是一定的，所以在研究性格时可以更多地从个体的社会环境入手来探讨影响个体性格形成的因素。如 2019 年，有研究者使用儿童版的艾森克人格问卷（Eysenck personality questionnaire，EPQ）及父母版的父母教养方式评价量表（the parenting style assessment scale，DPRSS）对昆明市两所小学共 500 名小学生及其家长展开调查，探究不同的家庭教养方式与小学生人格发展之间的相关程度及其影响。结果表明，家庭教养方式中的祖护-粗暴、放纵-控制、民主-独裁、激励-惩罚、接纳-拒绝与尊重-羞辱 6 个维度对小学生的人格发展起到积极的促进作用[146]。而且有研究探讨了人格对个体行为和健康的影响，如基于支配补偿理论，考察了领导与下属外向性人格的匹配性对下属工作投入的影响。通过对 743 对领导-下属进行配对问卷调查、在 2 个时间点获取调查数据、对数据进行多项式回归与响应分析表明，在外向性人格上，领导与下属的差异越大，下属的工作投入水平越高。当领导与下属的外向性人格存在差异时，"低领导外向性+高下属外向性"组合比"高领导外向性+低下属外向性"组合中下属的工作投入水平更高；当领导与下属的外向性人格一致时，下属的工作投入水平和外向性人格存在倒 U 形曲线关系。研究证明了在外向性人格维度上，当下属与领导的外向性人格是支配互补的关系时，下属的工作投入水平更高[147]。

有研究将问卷法和行为实验法结合起来探讨人格对心理健康的影响。例如，在探讨君子人格对心理健康的影响时，研究者基于儒学经典命题提出了君子人格通过自我控制与真实性的链式中介对心理健康产生正向效应的假设，即君子人格高的个体更容易进行自我控制，从而能够感知到自己的行为与真实的自我更加一致，进而使个体拥有更高的心理健康水平。具体来说，研究者将问卷法和行为实验法相结合来验证这一假设，通过对所得数据的分析得出以下结果：君子人格正向预测同时测量的心理健康（文献[148]研究 1）和 6 个月后测量的自尊、核心自我评价、情感平衡，负向预测心理症状（文献[148]研究 4）；君子人格正向预测自我控制特质（文献[148]研究 1）和自我控制决策（文献[148]研究 3 和研究 4），受到情景模拟操纵的自我控制提升心理健康与真实性（文献[148]研究 2），受到回忆启动操纵的真实性提升心理健康（文献[148]研究 3）；链式中介作用得到了同时和跨时间点测量、统计控制和实验控制等多方法结果的支持。君子人格水平较高的人更易自我控制，由此感到自己的行为与真实的自我更加一致与贯通，因此具有更积极的心理状态[148]。

2）消费行为

消费行为是消费者寻求、购买、使用和评价用来满足需求的商品和劳务而表现出的一切脑体活动。在目前的心理学研究中，常采用实验法对其进行研究，例如，研究者基于独特性需求理论、风险感知理论及自我建构理论，探讨了自我建构与外观新颖性对消费者购买意愿的交互作用、影响机制及边界条件。文献[149]通过 3 个实验发现对独立型自我建构的消费者而言，高外观新颖性能引发其独特性需求从而提高购买意愿；而对相依型自我建构的消费者而言，低外观新颖性则通过降低社会风险感知从而提高其购买意愿。同时，该研究也确定了产品类型对该机制的调节作用，具体来说，对于实用型商品，所有消费者都对低外观新颖性的产品具有更强的购买意愿；而对于享乐型商品，所有消费者都对高外观新颖性的产品具有更强的购买意愿。

文献[150]探究了消费者何时愿意选择与规避群体关联的品牌，并探讨了规避群体对消费者的影响机制。基于心理逆反理论，文献[150]通过 3 个实验探讨了自由威胁对消费者选择与规避群体关联的品牌的影响，结果表明，当消费者感知到高自由威胁时，选择与规避群体关联的品牌的意愿较高，心理逆反发挥中介作用，叙事和自尊水平对上述影响关系具有调节作用。叙事性的信息使被试因自由威胁而产生的心理逆反降低，从而选择与规避群体关联的品牌的意愿降低。对于高自尊的个体，在高自由威胁时更愿意选择与规避群体关联的品牌；而对于低自尊的个体，在高/低自由威胁的情况下，选择与规避群体关联的品牌的意愿无显著差异。

3）需要

需要是有机体感到某种缺乏而力求获得满足的心理倾向，它是有机体自身和外部生活条件的要求在头脑中的反映，是人们与生俱来的基本要求。早在 1997 年，就有研究者探讨了个体的需要，文献[151]通过问卷法探讨了中国国有企业职工的需要结构及其态势。结果表明：①国有企业职工意识到的基本需要有 28 种；②这 28 种需要共分为 6 类、6 个层次，按由低到高的层次排列，依次是生存需要、安全需要、社交需要、自主需要、尊重需要和发展需要，其中，安全需要、发展需要和生存需要是国有企业职工的主导需要；③当企业、年龄和文化程度不同时，职工的主导需要及其需求度存在某些差异。也有研究采用实验法对需要的影响进行探究，例如，研究者采用信任博弈任务，通过最小可接受概率法和决策选择法两种方式来探讨风险来源对决策冒险性的影响。结果发现：①中国被试存在背信规避现象，即对人为风险的规避程度高于对客观风险的规避程度；②当恐惧情绪被唤起时，被试对人为风险的规避程度降低，使背信规避现象消失，甚至出现反背信规避倾向；③人际联结需求影响背信规避，在人为风险下，人际联结需求中介了恐惧情绪对决策冒险性的影响[152]。

2. 企业的心理倾向

对企业来说，最重要的是获取收益，能够更好地发展。企业由个人组成和运作，企业发展最主要的是人的发展。因此在对企业的心理倾向进行分析时，大多是对企业中人的研究，包括企业个人或由个人组成的团体。例如，2016年，有研究者探讨了团队的多样性和组织支持对团队创造力的影响，该研究使用实验法在专业异质性和群体断层两个水平上操纵团队的多样性，考察团队的多样性和组织支持对团队创造力的影响。结果表明：①在独创性上，专业异质团队在工具支持条件下的独创性显著高于专业同质团队，在情感支持和物质支持的条件下，二者的差异不显著。但是当团队出现群体断层时，在情感支持与工具支持的条件下，强断层团队的独创性显著高于弱断层团队，在物质支持的条件下，二者的差异不显著；②在适宜性上，组织支持的主效应显著，即物质支持条件下的适宜性高于情感支持和工具支持条件下的适宜性，后两者之间的适宜性无差异。文献[153]的两个实验都发现物质支持条件下的适宜性显著高于情感支持和工具支持下的适宜性。该研究从团队多样性与组织支持的交互作用的角度考察不同组织目标的团队多样性需要的组织支持条件，对促进团队创造力具有一定的理论价值与实践价值。也有研究[154]从领导-成员交换和辱虐管理的作用的角度探讨挑战性压力源对员工创新行为的影响，从个体的工作压力和领导管理两个方面来探讨员工创新行为。该研究使用问卷法探讨了领导-成员交换与辱虐管理挑战性压力源对员工创新行为的影响，以及领导-成员交换、辱虐管理对挑战性压力源与员工创新行为关系的调节作用。基于两个领导-下属配对样本的分析，结果表明：挑战性压力源、领导-成员交换和辱虐管理对员工创新行为有显著三维交互作用，即当领导-成员交换水平高并且辱虐管理水平低时，挑战性压力源与员工创新行为正相关，在其他条件下，挑战性压力源与员工创新行为不相关或者负相关[154]。同时也有研究对企业的学习结构进行了研究，于海波等通过大规模的调研，得出我国企业的学习结构包含6个因素：组织间学习、组织层学习、集体学习、个体学习、利用式学习和开发式学习[155]。

3. 政府机构的心理倾向

对政府机构中的个体来说，相对于普通群众，他们会拥有更多的权力，那么政府机构中个体的权力感知会对他们的态度和行为产生怎样的影响？文献[156]探讨了在中国传统文化背景下，政府机构中个人的权力感知与他/她对上级进谏行为的关系，以及作用机制和边界条件。通过对苏南等地区政府机构的306名机关工作人员及其直接上级进行配对成组取样，让他们分别填写不同的问卷，对数据采用层级回归等分析方法进行研究。研究结果表明，个体的权力感知与其进谏行为之间呈显著正相关，而且当个体感知到更多的权力时，他们就会拥有更多的资源和自由，以及较高的认知灵活性和心理可得性，进而使个体产生更多的进谏行为。同时，权力距离心理倾向越大的个体对权力越敏感，当权力感知发生变化时，他们的认知和行为会随之发生变化[156]。

4.3.2 心理倾向建模分析方法

随着 Web 2.0 时代的到来，智能体的活动不再局限于物理空间，智能数体在网络中产生了大量的数字轨迹，众智网络中智能数体的心理倾向分析提供了新的研究方法和研究路径。

在研究方法上，网络上的行为数据为数据的收集提供了便利，因为网络数据具有以下优势：①样本规模和代表性，依托于互联网的优势，能够对大规模群体进行测量，这种样本不断接近总体的特征和优势，有利于解决传统研究方法中的样本代表性问题；②时效性，网络数据使对大规模群体进行定期测量，甚至是实时追踪测量成为可能，其追踪时间可以精确至每年、每月、每日、每时甚至每分、每秒；③客观性，网络数据基于网民真实发生的客观行为数据，例如，在搜索引擎中的搜索和点击行为，社交网络中的点赞、转发及发帖内容，具备较好的数据客观性；④成本经济性，传统的研究方法往往受限于人力、物力、财力等研究成本，无法较好地对大规模群体进行定期、实时的测量，而网络数据则可以利用网络爬虫、文本分析等技术支撑，使以相对较低的成本获取海量数据成为可能[157]。因此网络数据分析法在一定程度上弥补了问卷法和行为实验法的不足。

虽然网络数据分析法有以上优势，但是也有一定的缺陷：①心理倾向的分析希望能够找到引起该心理或行为出现的原因，即因果关系的探究，但是网络数据的分析大多探讨的是相关性，而不是因果关系；②数据量大毫无疑问是利用网络数据进行研究的一大优势，但如何保证海量数据的质量，以及如何对海量数据进行清洗、编码和分析等问题，也是利用网络数据进行研究的一大技术难点；③在收集网络数据时存在隐私保护问题；④在对大量数据进行分析时，得出的结果往往基于群体的普遍行为，而会忽略其中的差异行为，有时分析差异行为也是必要的。

考虑到网络数据分析法的局限性，在实际的研究中，应该注重多种方法的互补，如将行为实验法与网络数据分析法结合起来，以便能够发挥方法上的优势。在研究网络购物行为时，已有的研究大多是基于网络购物意愿得到的，可以通过行为实验法得出网络评论、风险感知和商品类型对网络购物意愿的作用及影响机制：在文献[158]中，实验 1 表明网络评论类型的不同会使被试的购买意愿不同，具体来说，消费者对高好评反馈产品的购买意愿显著高于对高差评反馈产品的购买意愿。对于不同的商品类型在不同的反馈情境下，消费者的购买意愿有怎样的差异，结果见图 4-6。

如图 4-6 所示，在高好评反馈的情境下，对体验类产品的购买意愿显著高于对搜索类产品的购买意愿，而在高差评反馈的情境下，对体验类产品的购买意愿与对搜索类产品的购买意愿无明显差异。

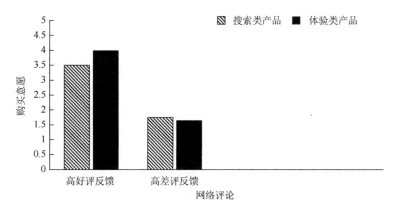

图 4-6　网络评论与商品类型对消费者购买意愿的交互作用

同时，在探讨在线评论、风险感知和产品类型对网络购物意愿的作用以及影响机制时，我们通过文献[158]中的实验 2 探知风险感知对被试的购买意愿有影响，低风险感知情境下被试的购买意愿高于高风险感知情境下被试的购买意愿。在产品的不同反馈情境中，对风险感知如何影响被试的购买意愿进行了具体分析，结果见图 4-7。

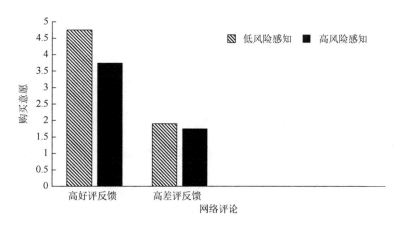

图 4-7　网络评论与风险感知对消费者购买意愿的交互作用

如图 4-7 所示，在高好评反馈的情境下，低风险感知情境下被试的购买意愿显著高于高风险感知情境下被试的购买意愿，而在高差评反馈的情境下，差异不显著。这是基于实验得到的结果，那么在真实的购物环境中，这些因素对真实网络购物行为的影响是否与模拟环境中的一样，有待于进一步的研究。因此文献[158]从淘宝网中爬取真实的销售数据，来验证通过实验室研究得到的结果。结果表明，在模拟的网络购物行为中，网络评论对购买意愿有显著影响，消费者对网络正面评论占比高的商品的购买意愿显著高于对网络负面评论占比高的商品的购买意愿。不一致的是，通过对真实大数据信息的分析发现，正面的网络评论与购物行为没有显著相关，而中性和消极的网络评论对消费者的购物行为有负向的预测。这就说明在实验室模拟的购物行为中，个体是基于利益寻求来表达自己的购物意愿的，而在真实的购物环境中，个体则是风险规避的。通过这个研究能够看出真实的行为和在实验室条件下发生的行为有一定的差异，因此在未来的研究中要将数据驱动和理论驱动相结合，提高构建的解释力，提升建立模型的实用价值[158]。

另外，在社会动员的研究中，普遍认为不公正感是激发社会动员的一个重要变量，也有研究证明愤怒和怨恨是影响公正感和社会动员关系的中介变量。但这个结果是基于物理空间中对社会动员意愿的研究而得到的结果，那么这一结果是否能够应用到在网络空间真实发生的社会动员中，需要进一步研究。通过研究真实发生的社会动员，来验证公正感对真实发生的社会动员的影响，以及愤怒和怨恨的中介作用[159]。在此，收集了辱母杀人案、留学生江歌被杀案、杭州保姆纵火案这三个社会动员下的有关评论进行分析和探讨，最终得出了不公正感正向预测社会动员的结论。并且公正感还通过愤怒和怨恨这两种情绪间接预测社会动员，即当个体感受到不公正感时，能够激发个体的愤怒情绪和怨恨情绪，从而导致社会动员的发生。这一结果与物理空间的研究结果相同，具体结果如图4-8所示[160]。

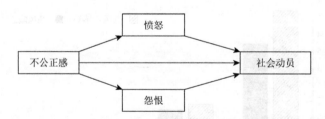

图 4-8　不公正感对社会动员的影响，以及愤怒和怨恨的中介作用模型图

因此，在众智网络中对智能数体的心理倾向分析要结合多种方法，做到数据驱动和理论驱动相结合，才能更好地分析心理倾向。

同时，互联网、物联网、云计算等技术的不断发展使人们能够在信息空间上展现自我，因此产生了大量的用户行为数据，合理挖掘与分析这些数据能够实现智能数体的真实映射，尤其是深入分析自然人智能数体的人格特质，有助于提升众智网络中搜索和交易匹配的效率。对于众智网络中的智能数体，其行为是心智的外化表现，通过行为分析能够对智能数体的心理倾向进行精准的挖掘和分析，本节将以对智能数体的人格特质这一心智因素的挖掘为例，展示基于众智网络行为数据的心理倾向分析方法。

人格特质是人相对稳定的一种心理特征，是人类行为的内在动因，人类行为是人格特质的一种外化表现。由于网络的匿名性，网络行为数据往往能够更好地反映人的真实人格特质，虽然人格特质是相对稳定的，但是个人的人格特质会因受到外界刺激的影响而产生变动，而网络行为数据往往具有时序性，能够反映出智能数体人格特质的轻微波动，通过对众智网络中智能数体的时序行为数据的分析，能够更加真实、准确地反映出智能数体的人格特质。通过将网络行为数据建模为时序数据，建立了基于长短期记忆网络（long short-term memory，LSTM）模型的人格特质预测模型[161]，并在脸谱网的点赞数据集上进行了验证，尤其在五大人格特质的开放性维度的预测上取得了较好的结果。进一步地，针对众智网络中行为数据的多源异构特征，建立了一种基于网络行为的人格特质预测装置，实现了基于网络行为自动预测人格特质的功能，利用卷积神经网络（convolutional neural network，CNN）提取数据的多源异构特征，并利用 LSTM 模型进行人格特质的预测。

> 循环神经网络
> 　　循环神经网络（recurrent neural network，RNN）是一类以序列（sequence）数据为输入，在序列的演进方向进行递归（recursion），且所有节点（循环单元）按链式连接的递归神经网络（recursive neural network）。
> LSTM
> 　　LSTM 是一种时间循环神经网络，是为了解决一般的 RNN 存在的长期依赖问题而专门设计出来的，所有的 RNN 都具有一种重复神经网络模块的链式形式。在标准 RNN 中，这个重复的结构模块只有一个非常简单的结构，如一个 tanh 层。

　　图 4-9 为人格特质预测装置的流程图，该人格特质预测装置包括爬取用户的相关网络行为数据、行为特征提取、特征向量表示；充分考虑网络行为数据因时序和时间不同对人格特质预测的影响，利用时间敏感的 LSTM 模型进行预测。通过该装置和方法，能够基于网络行为数据对人格特质进行预测，可广泛应用于推荐系统、搜索引擎，以及在线广告的设计，为众智网络中的决策分析提供帮助。

　　目前，对网络行为数据挖掘的研究停留在数据表层，尤其是缺乏对用户数字行为轨迹的深层次挖掘，用户的数字行为是其人格特质的真实外在表现，如果能利用用户的数字行为轨迹挖掘出用户的人格特质，不仅能够实现用户供需的精准匹配，而且有助于实现用户跨领域的供需匹配。在众智网络中，使用传统的数据挖掘技术会有隐私泄露的风险，因为大多数的数据挖掘技术往往对用户的行为数据内容进行分析，如采用自然语言处理技术分析用户的文本、采用 CNN 等深度学习方法分析用户发布的图片等，这些都具有极大的隐私泄露风险，并且现有的基于行为数据进行人格特质预测的研究对数据质量的要求较高，在面对稀疏、高维和不完整数据时，预测模型的性能往往不高。本节给出了一种针对众智网络

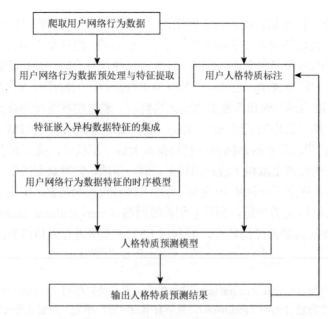

图 4-9 人格特质预测装置的流程图

中的海量数字行为轨迹（digital footprints），建立基于稀疏数字行为轨迹进行人格特质预测的框架。

关于人格特质的预测，目前常用的方法是分为两步，第一步是将用户的数字行为轨迹进行编码，然后对其降维并作为用户的向量表示；第二步是将降维后的用户向量表示作为输入，然后利用机器学习或者深度学习等方法进行预测，这样做存在的问题是在对用户的数字行为轨迹降维的过程中，没有考虑用户的人格特质对降维结果的影响，可能会造成人格特质信息损失。而且，在众智网络中，由于隐私问题和法律限制，只能访问一些稀疏、不完整和匿名的数字行为轨迹，这对现有的人格特质预测方法提出了严峻的挑战。为了充分利用现有的稀疏数字行为轨迹，在此提出了一种新的人格特质预测方法，同步学习众智网络中与人格特质相关的判别潜在特征和人格特质预测器，使用学习到的用户特征进行人格特质预测。将这个问题形式化为一个判别矩阵分解问题，把判别人格特质学习和人格特质预测器学习无缝地结合在一起 [式（4-1）]，优化目标为

$$\min_{U,V,w} \mathcal{J}(U,V,w)$$

$$\mathcal{J}(U,V,w) = \frac{1}{2} \| M - UV^{\mathrm{T}} \|_{\mathrm{F}}^{2} + \frac{\gamma}{2} \sum_{i \in \mathcal{L}} (Y_i - u_i^{\mathrm{T}} w)^2 \\ + \frac{\lambda}{2} (\| U \|_{\mathrm{F}}^{2} + \| V \|_{\mathrm{F}}^{2} + \| w \|_{2}^{2}) \tag{4-1}$$

其中，$\mathcal{J}$ 表示训练集，只需保证最小化该目标函数就能实现学习到人格特质的特征表示（或者特征向量）；M 为用户的数字行为轨迹矩阵；U 为用户的低秩表示矩阵；V 为用户数字行为轨迹涉及项目的低秩表示矩阵；Y_i 为用户 u_i 的人格特质分数；w 为人格特质预测器中的权重参数；$\|U\|_F^2 + \|V\|_F^2 + \|w\|_2^2$ 是为避免过拟合而引入的正则项；γ 和 λ 为平衡权重的因子。

为了解决判别矩阵分解问题，学者提出了一种基于优化的解决方案，通过交替最小二乘法进行迭代优化，该方案在大规模数据下高效且易于并行化，能够胜任在众智网络匿名且保护隐私的前提下进行人格特质预测的工作[161]。

具体地，对于式（4-1），矩阵 U、V 和向量 w 为需要求解的变量，显然 $\mathcal{J}(U,V,w)$ 不是凸函数，但是一旦固定 U、V、w 三者中的任意两个，则该函数变为凸函数，因此可以采用式（4-2）~式（4-4），交替迭代优化求解。

$$U^{(t)} \leftarrow \arg\min_{U} \mathcal{J}(U,V^{(t-1)},w^{(t-1)}) \tag{4-2}$$

$$V^{(t)} \leftarrow \arg\min_{V} \mathcal{J}(U^{(t)},V,w^{(t-1)}) \tag{4-3}$$

$$w^{(t)} \leftarrow \arg\min_{w} \mathcal{J}(U^{(t)},V^{(t)},w) \tag{4-4}$$

4.4　智能数体决策机制研究

在众智网络中，智能数体通过交互与协作完成交易。众智网络中的协作是由智能数体个体间决策产生的合作或者竞争行为的外化表现，通过研究众智网络中智能数体的行为决策，深入探究智能数体的众决策行为，能够最大限度地释放和高效利用各类智能数体，实现众智网络系统的高效运作；有效管控各类智能数体，使运作更加稳定、不发生突发性灾难；合力提升各类智能数体的智能水平，持续提高创新活力。

4.4.1　基于博弈方法的智能数体决策策略研究

智能数体在心智的驱动下，通常会具有趋利避害的特性，即追求对自身更加有利的行为和结果，因而会产生利益的冲突和竞争，导致整个众智网络的进化速度降低和智能提升程度减弱。为了缓解智能数体个体的自私行为对众智网络系统进化产生的影响，可以从众智网络宏观角度进行决策研究，如基于塔洛克竞赛（Tullock contest）模型解决智能数体的协作优化问题。本节将以异构蜂窝网络（HetNets）（智能物品间）、网络运营众包问题（自然人和组织机构间）、无线网络基站部署问题（智能物品间）为研究背景，基于塔洛克竞赛模型，扩展众智网络中智能数体协作的优化模型和方法。

随着多媒体应用的爆炸性增长，异构蜂窝网络被广泛部署以满足对网络容量日益增长的需求。然而，异构蜂窝网络中始终在线的多媒体应用产生的大量实时流量会导致巨大的能源消耗。在维持满意的服务质量（quality of service，QoS）的同时，能源消耗和服务提供商的利润之间的权衡已经成为一个重要的目标。为此，学者提出了一种新的异构蜂窝网络能源配给框架，以实现最大利润和保证服务性能[162]。采用塔洛克竞赛模型来设计动态能源配给策略，将多个小蜂窝的功率控制建模到博弈中，并通过将 QoS 和成本之间的矛盾设计为利润和能源消耗的平衡问题来解决。博弈中的两个主要挑战——不完全信息和维数灾难通过设计的虚拟重复博弈解决，该博弈采用蒙特卡罗方法和 PSO 算法来获得纳什均衡。

蒙特卡罗方法

蒙特卡罗方法也称为统计模拟方法，是 20 世纪 40 年代中期由于科学技术的发展和电子计算机的发明，而被提出的一种以概率统计理论为指导的非常重要的数值计算方法，是通过使用随机数（或更常见的伪随机数）来解决很多计算问题的方法。其基本思想是当所求问题是某种随机事件出现的概率，或者是某个随机变量的期望值时，通过某种实验方法，以这一随机事件出现的频率估计其概率，或者得到这个随机变量的某些数字特征，并将其作为问题的解。

PSO 算法

PSO 算法又称为粒子群优化算法、微粒群算法或微粒群优化算法，是通过模拟鸟群觅食行为而发展起来的一种基于群体协作的随机搜索算法。通常认为它属于 SI 的一种，可以被纳入多主体优化系统（multiagent optimization system，MAOS）。PSO 算法由 Eberhart 博士和 Kennedy 博士发明，从鸟群觅食模型中得到启示并用于解决优化问题，在 PSO 算法中，每个优化问题的解都是搜索空间中的一只鸟，称为粒子。所有的粒子都有一个由被优化函数决定的适应值（fitness value），每个粒子根据速度确定它们飞翔的方向和距离，并追随当前的最优粒子在解空间中进行搜索。

纳什均衡

假设有 n 个局中人参与博弈，如果某情况下没有任何一个参与者可以独自行动而增加收益（即为了自身利益的最大化，没有任何单独的一方愿意改变其策略），则此策略组合称为纳什均衡，所有局中人的策略构成一个策略组合（strategy profile）。从实质上说，纳什均衡是一种非合作博弈状态。纳什均衡达成时，并不意味着博弈双方都处于不动的状态，在顺序博弈中，纳什均衡是在博弈者连续的动作与反应中达成的。纳什均衡也不意味着博弈双方达到了一个整体的最优状态，需要注意的是，最优策略不一定达成纳什均衡，严格劣势策略不可能成为最佳对策，而弱优势和弱劣势策略是有可能达成纳什均衡的。在一个博弈中可能有一个以上的纳什均衡，而囚徒困境中有且只有一个纳什均衡。

能源配给均衡平衡了小蜂窝的能源消耗和利润，确保了多媒体服务提供商和异构蜂窝网络运营商的最佳解决方案。同时进行了大量的实验，实验结果表明，开发的模型可以作为多媒体异构蜂窝网络中能源配给的有效工具。

　　小蜂窝的能源配给方案如图 4-10 所示，研究能源配给率与小蜂窝类型之间的关系，横坐标表示服务率，纵坐标表示能源配给率。在图 4-10 中，具有方形标记的曲线表示均匀分布的小蜂窝的平衡，具有三角形标记的曲线表示高斯分布中的平衡。图 4-10 展示出了小蜂窝执行的不同功率控制策略，因此，具有较高服务率和较少能耗的较新小蜂窝具有较高的能源配给率。另外，能源配给率不依赖于线性的小蜂窝类型，这有利于确保系统的吞吐量并且有较高的能量效率。比较两种不同分布中的小蜂窝的功率比发现，高斯分布比均匀分布有更多满功率运行的小蜂窝，但是具有低服务率的小蜂窝具有更低的能源配给率。出现这种现象的原因在于，在高斯分布中，具有高服务率的小蜂窝更少，为了增加系统的容量，需要更多的小蜂窝满载运行。类似地，高斯分布中具有低服务率的小蜂窝的数量也很小。对于相同类型的低服务率的小蜂窝（例如，服务率为 6），高斯分布中服务率大于 6 的小蜂窝的数量大于均匀分布中的小蜂窝的数量。受额外小蜂窝的影响，弱小蜂窝（服务率小于 6）可以在低能源配给率下达到平衡。

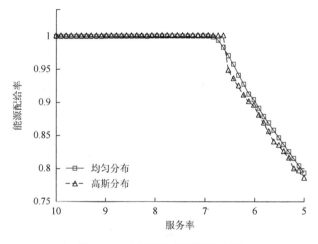

图 4-10　小蜂窝的能源配给方案

　　此外，众包也是众智的一个重要应用场景，发包方（也称众包商）和接包方（也称工人）等参与方都可以看作智能数体，这些智能数体也存在资源消耗和收益的平衡问题，即发包方和接包方都期望获得更好的体验质量和更多的利润，但众包商的奖励与工人的工作质量之间存在矛盾。为了平衡这种冲突，利用塔洛克竞赛为众包中的各方制定了利润优化模型[163]。该模型由两部分组成，一部分是众包商提供优化的激励措施，鼓励工人提高工作质量；另一部分是提供最佳费用表作为工人的指导。利益均衡的可视化有助于实现众包和人群的双赢局面，进而影响众包服务的发展。在此决策场景下，将纳什均衡的获得模拟为重复的众包任务。

众包商非常关注其自身的利润，图 4-11 通过评估一系列可能的绩效奖励，揭示了探索最佳绩效奖励和最大收益的轨迹，横坐标表示众包商的绩效奖励，纵坐标表示众包商收益，最佳双重可以在每条曲线的峰值处找到。随着众包商的绩效奖励增加，他可以获得更大的收益。但是，由于众包商的收益增加无法弥补绩效奖励的增长，因此更高的绩效奖励会导致收益下降。为了获得更具体的信息，最优的绩效奖励及其置信区间用三角形（图 4-11 中众包商的绩效奖励为 75 处）标记。此外，图 4-11 中所示的置信区间非常小，这意味着模型的精确度较高。值得注意的一点是，实际上，高质量工人的贡献高于低质量工人的贡献，众包商可以从高质量工人中收益更多。因此，众包商愿意吸引更多高质量的工人参与任务。

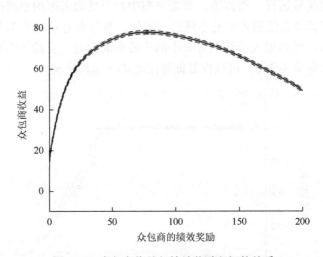

图 4-11　众包商收益与绩效奖励之间的关系

在实际的网络供应商案例中，为了提供高质量的服务，无线网络运营商在每单位区域会部署大量基站，并且总是使这些基站在很长一段时间内保持运行，这种情况给无线网络运营商带来了巨大的能源浪费和经济成本。由于能源消耗与经济效益之间的冲突，仅从能源消耗的角度提高能源效率可能会损害无线网络运营商的利润。为了有效平衡无线网络的服务质量、能源消耗和利润，可以使用塔洛克竞赛为基站设计一种新的睡眠方案。基站被建模为通过消耗昂贵的能量来竞争服务收入从而提供服务的博弈参与者。基站的策略是二进制的，将博弈中的参与者分为运行和睡眠两大类，从纳什均衡中可以推断出需要睡眠的基站的数量，并且按比例分配到各个特定区域以获得特定的睡眠方案。

无线网络运营商的利润如图 4-12 所示，四种方案带来的利润趋势几乎线性地取决于任务的到达流量速率。这四种方案都是从优化方案中衍生出来的，因此它们的一般趋势大致相同，这些趋势也从侧面证实了所提方案的可行性。更详细地，当任务到达率适中时，方案优化 $\lfloor k^* \rfloor$ 具有最佳性能；之后，随着流量速率的增加，方案优化 $\lceil k^* \rceil$ 的总利润更高。总的来说，最佳方案总是在这两种方案之间选取。

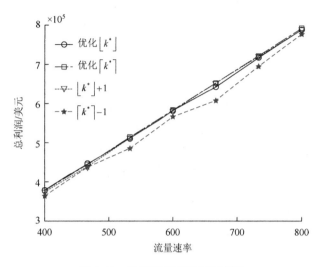

图 4-12　无线网络运营商的利润

在众智网络中，群体的决策往往是复杂的，为了解决多智能数体环境下群体宏观决策的优化问题，本书在撰写过程中根据山大地纬软件股份有限公司的医保业务，以医保支付这一众智场景为例开展了研究，并启发式地提出了多智能数体环境下群体宏观决策的优化问题的解决方案。

斯塔克尔伯格博弈

　　斯塔克尔伯格模型由德国经济学家斯塔克尔伯格在 20 世纪 30 年代提出。斯塔克尔伯格模型是一个产量领导模型，厂商之间存在着行动次序的区别。产量的决定依据以下次序：领导性厂商决定一个产量，跟随厂商可以观察到这个产量，并根据领导性厂商的产量来决定自己的产量。需要注意的是，领导性厂商在决定自己的产量时，会充分了解跟随厂商如何行动，这意味着领导性厂商可以知道跟随厂商的反应函数。因此，领导性厂商自然会预期自己决定的产量对跟随厂商的影响。正是在考虑到这种影响的情况下，领导性厂商决定的产量将是一个以跟随厂商的反应函数为约束的利润最大化产量。在斯塔克尔伯格模型中，领导性厂商的决策不再需要自己的反应函数。

城乡居民医保工作是关系着民生的重要工程之一，关系到人民群众的切身利益，是提升城乡居民幸福感、满意感的重要途径。医保支付众智场景中涉及的智能数体的数量多且种类复杂，包含医院、个人、药店、保险公司，以及中国银行

保险监督管理委员会、人力资源和社会保障局、国家卫生健康委等多个组织机构主体，再加上互联网的普及，共同催生了互联网药店和医院等新型智能数体，增加了异地就医、异地支付、网络支付等复杂的就医和报销方式。各方存在复杂的交易和交互关系，从宏观角度来看，既要使各方利益平衡且最大化，又要保证国家社会化福利覆盖的最大化，一些传统的优化理论无法解决此类复杂的宏观决策问题，因此需要提出面向众智需求的宏观决策模型。通过前期的调研与分析，本节建立了基于博弈方法的群体宏观行为决策模型，针对由多个智能数体构成的机构类（平台型）众智网络系统的宏观决策问题，提出通过博弈模型解决多个智能数体之间的利益平衡问题，实现群体的智能决策。具体地，建立了一个考虑风险规避的三阶段斯塔克尔伯格博弈来捕捉政府、医院和患者三者在医疗保险体系中的互动过程，结合经济学风险投资中经典的分析方法，即条件风险价值，以及交通学中出行人群对交通高峰期的风险规避态度的分析，对等待时间和金钱，具有不同偏好及不同风险规避态度的患者在不同医保报销方案下的收益建模，并验证了不同的医保报销方案对医保覆盖率、患者平均等待时间等社会福利指标的影响。

如图 4-13 所示，在基于三阶段斯塔克尔伯格博弈构建的医疗保险付费机制决策模型中，政府、医院及患者的收益关系如下所示。

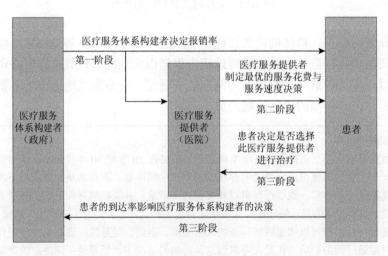

图 4-13　基于博弈方法的群体宏观行为决策模型

在第一阶段，处于主导地位的政府进行行动，它会预测制定的医疗保险付费机制决策对整个公共医疗体系的影响，并以社会福利最大化（这里的社会福利最大化是指社会上所有患者群体收益的最大化）为总目标来制定报销率及报销金额。

在第二阶段，医院以政府给出的报销率信息为基础，以最大化自身收益为目标，根据报销率对患者的行为模式进行预测，制定最优的服务花费与服务速度策略。

在第三阶段，患者通过接收到服务花费（医院决策）与报销率信息（医疗服务体系构建者的决策），以及服务质量与等待时间（医院的决策），决定是否在该医院寻求医疗服务。

对患者收益进行建模，在医疗保险付费机制涉及的三方角色（政府、医院和患者）中，处于最基础也是最容易通过计算得出的是患者的收益，患者的收益在完全理性的情况下为

$$U(\lambda,\mu,\omega,\gamma,p) = R - T(\mu,\lambda,\omega)\cdot\beta - n(\mu,\omega)\cdot c - \gamma\cdot\left(\frac{1}{p}-1\right)$$

其中，R 为患者当前的固定收益；β 为患者的单位时间收益；c 为患者的访问花费；γ 为患者的治疗总费用；p 为此病种的报销率；T 为等待时间；n 为患者的访问次数；λ 为服务成本；μ 为服务速度；ω 为患者到达的速度。因此上式可以解释为，患者的收益 = 固定收益-患者时间花费-患者医疗花费-患者访问时间花费。

当患者的收益大于 0 时，患者选择去公立医院进行治疗；当患者的收益小于 0 时，患者拒绝在当前医院进行治疗；当患者的收益等于 0 时，是患者的选择均衡状态。已知患者的收益为 0 即选择均衡状态，此时患者的到达率处于一个稳定的趋势，可以由此确定患者的到达率：

$$\lambda(\mu,\gamma,p,\omega)_e = \mu - \frac{\beta}{E}$$

其中，e 为有效到达率，即能够治好病的到达率；E 可以用下面的公式计算：

$$E = R\cdot[1-\delta(\mu,\omega)] - c - \left[1-\delta(\mu,\omega)\cdot\gamma_f\cdot\left(\frac{1}{p}-1\right)\right]$$

其中，γ_f 为政府支付的费用；$\delta(\mu,\omega)$ 为单次治疗成功的概率。

对医院的收益进行建模，医院的收益可以按照总收入-总花费的方式来计算，可以形式化表达如下：

$$(\text{BP})\ W(\mu,\gamma,p,\omega) = \frac{\gamma_b}{p_b}\cdot\tilde{\lambda}(\mu,\gamma,p,\omega)$$
$$- e\cdot\frac{1}{\mu}\cdot\tilde{\lambda}_e(\mu,\gamma,p,\omega) - \omega\cdot\tilde{\lambda}_e(\mu,\gamma,p,\omega)$$

其中，BP（bundled payment）代表一种支付方式；γ_b 为政府单次为疾病支付的费

用：p_b 为政府支付占疾病所需总费用的比例（报销比例）；$\tilde{\lambda}_e$ 为到达的速度，如一天到几个人。

$$(\text{FFS})\ W(\mu,\gamma,p,\omega)=\frac{\gamma_b}{p_b}\cdot\tilde{\lambda}(\mu,\gamma,p,\omega)$$

$$-e\cdot\frac{1}{\mu}\cdot\tilde{\lambda}_e(\mu,\gamma,p,\omega)-\omega\cdot\tilde{\lambda}_e(\mu,\gamma,p,\omega)$$

$$=\left(\frac{\gamma_b}{p_b}-e\cdot\frac{1}{\mu}-\omega\right)\cdot\tilde{\lambda}_e(\mu,\gamma,p,\omega)$$

其中，FFS（fee for payment）为按服务付费；被减数部分代表医院的总收入；两个减数部分代表医院为治疗产生的花费。在两种付费模式下，收入模式的不同是因为 FFS 模式为总服务次数乘以单次收费（BP 为总包的付费方式，只需要给医院支付固定的费用，医院会保证治好及后续服务，类似于出租车一口价。FFS 就是普通的医疗支付方式，每次按照比例报销），而 BP 模式为一次性收费。在 BP 和 FFS 两种付费方式的计算公式中存在四个不确定参数，在整个医保行业的互动中，政府始终处于先行和主导地位，政府的政策总是先制定，所以从医院的视角来看，有关政府决策的两个参数 γ 和 p 是已知的，形式化表达可重构如下：

$$(\text{FFS})\ W(\mu,\omega)=\left(\frac{\gamma_b}{p_b}-e\cdot\frac{1}{\mu}-\omega\right)\cdot\tilde{\lambda}_e(\mu,\omega)$$

$$(\text{BP})\ W(\mu,\omega)=\frac{\gamma_b}{p_b}\cdot\tilde{\lambda}(\mu,\omega)-e\cdot\frac{1}{\mu}\cdot\tilde{\lambda}_e(\mu,\omega)-\omega\cdot\tilde{\lambda}_e(\mu,\omega)$$

接下来对社会总福利进行建模。政府在整个医疗保险行业中处于主导地位，它的最终目的是最大化社会总收益，这里的社会总收益为全社会患者的收益和。在本节的模型中，已经给出患者的收益，因此加入患者的到达率进行计算，即可得到政府的决策目标：

$$\max\quad S(\gamma,p)=U[\tilde{\lambda}(\gamma,p),\mu(\gamma,p)]\cdot\tilde{\lambda}(\gamma,p)$$
$$-c_g\cdot[\Lambda-\tilde{\lambda}(\gamma,p)]$$
$$\text{s.t.}\quad \gamma\cdot\tilde{\lambda}(\gamma,p)<B$$

其中，c_g 为由系统阻塞也就是排队造成的损失；Λ 为阻塞率；B 为总预算。在政府最大化的收益目标中，减去的是系统堵塞造成的损失，而政府的决策约束是资金约束，政府的使用资金必须小于总资金池。

有关患者的收益方面，如果医疗保险无法覆盖所有患者（即无法对所有患者实现免费医疗，这是合理的假设），那么患者的到达率呈现一个均衡的状态，由于收益大于 0 的患者将寻求医保进行治疗，收益小于 0 的患者将不寻求医保进行治疗，当患者的收益为 0 时，出现均衡状态，此时，政府的优化决策可以简化为如下形式：

$$\max \quad S(\gamma, p) = -c_g \cdot [\Lambda - \tilde{\lambda}(\gamma, p)]$$

$$\text{s.t.} \quad \gamma \cdot \tilde{\lambda}(\gamma, p) < B$$

对上述模型进行实验验证，实验结果表明，基于博弈机制设计的医保支付平台智能数体行为决策中的全局优化方法效果良好。

4.4.2　基于强化学习的智能数体决策策略研究

众智网络的优化目标之一是通过精准的供需匹配提升交易效率，然而由于众智网络中的需求复杂多样，目前仍旧缺乏行之有效的精准的供需匹配机制，为了实现智能数体的高效协作和交易，本节研究了基于 GAN 和 RL 的行为决策模型。

淘宝、京东、亚马逊等电子商务平台是典型的众智网络，以电子商务平台的广告排序和竞价问题为例，这一问题中包含用户、广告主和电子商务平台三类智能数体，每类智能数体都能进行自主决策和协作。通常，电子商务平台根据用户对商品的偏好，向用户展示个性化的搜索或推荐页面；用户可以根据推荐的页面，决定在当前页面点击几个自己喜欢的商品。在这个过程中，平台通过用户的特性给用户提供不同的搜索和推荐商品，这是电子商务平台智能数体的决策过程，用户对商品的点击是用户智能数体的决策过程。而在电子商务广告业务的行为决策问题中，用户、电子商务平台和广告主进行三方博弈，任何两方的变化都会引起第三方决策的变化，即用户是不断发展的，会受外界影响改变自己的行为决策模式；广告主也随着自己所投商品的发展，随着时节的变化，对广告的投放不断进行调整；电子商务平台也因用户和广告主的变化，以及平台的发展现状，对广告的排序策略及定价策略等进行更新迭代。在这一问题中，可以采用 RL 思想对各智能数体的决策过程进行建模。

用户浏览的过程包含了用户对广告宣传的商品的决策过程，用户智能数体的环境是广告和平台的政策，用户的决策可以是翻页与否（对应广告的曝光）、点击与否、购买与否。

广告主根据广告的曝光情况、点击情况、购买情况，对广告的出价或者定向人群等进行调整，这个过程即广告主的行为决策过程，此时广告的曝光情况、点击情况、购买情况是广告主智能数体的环境。

电子商务平台根据广告的投放情况，综合考虑电子商务平台和广告主的点击率、收益等各种因素，调整广告的排序策略，因此电子商务平台智能数体的环境是广告的投放情况、电子商务平台和广告主的点击率、收益，决策是对广告的排序。

在此，以广告主行为决策为核心，构建行为决策仿真平台，在构建的行为决策仿真平台中采用生成对抗模仿学习（generative adversarial imitation learning，GAIL），GAIL 将 GAN 的框架用于求解模仿学习问题，即电子商务广告业务中的行为决策的模拟仿真。

GAN

　　GAN 是一种深度学习模型，是近年来复杂分布中无监督学习最具前景的方法之一。GAN 通过框架中（至少）的生成模型（generative model）和判别模型（discriminative model）的互相博弈学习产生相当好的输出。在原始 GAN 理论中，并不要求生成模型和判别模型都是神经网络，只要是能拟合相应生成模型和判别模型的函数即可，但实际中一般均使用深度神经网络作为生成模型和判别模型。一个优秀的 GAN 应用需要有良好的训练方法，否则神经网络的自由性可能导致输出不理想。

在电子商务广告场景中，通过研究广告主的行为决策规律，对电子商务平台新的排序策略或者定价策略的上线测试进行辅助决策。以 GAIL 算法为基础，生成广告主与平台的交互记录，图 4-14 展示了广告主决策仿真模型框架，该框架以 GAIL 算法为基础，生成广告主与平台的交互记录，这是行为决策的核心。由于 GAIL 算法是由 GAN 算法发展来的，GAIL 算法本身也包含一个生成器和一个判别器，与 GAN 算法不同的是，生成器变为一个 RL 组件，即图 4-14 中 RL 模型中的组件为 GAIL 中的生成器。

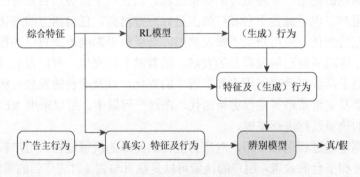

图 4-14　广告主决策仿真模型框架

4.4.3　以众包为背景的智能数体决策策略研究

　　众智网络中的智能数体间存在交互，交互的基础是智能数体的行为，因此需要对智能数体的行为进行建模。众包是典型的众智场景，在本节中，重点是以众智环境下的众包这一典型场景为研究对象，探究众包场景下的众智网络智能数体的行为模型，建立适用于众智网络的移动众包平台，并提出基于智能数体的智能水平和质量的众包任务分配策略。

为了适应移动众包任务的特性，本节依据众智网络建模与互联课题组建立了一个移动众包平台，称为 LBTask，用于解决与位置相关的移动众包任务[164]。与其他众包平台相比，LBTask 支持多种移动众包任务推荐算法及工人质量控制算法，不仅可在实际场景中对算法进行测试，还可对各种任务的推荐算法进行比较。在推荐众包任务时，应考虑任务地理位置、工人地理位置、时间因素及工人质量因素等。

LBTask 的总体流程如图 4-15 所示，用户通过移动设备发布任务，平台接收到用户发布的任务后利用任务推荐方法找出符合要求的众包工人组，将任务推荐给该组工人，工人在规定时间内到达指定地点获取任务发布者需要的信息，并提交到平台，平台收到答案后，将答案反馈给任务发布者，任务发布者在查看答案之后对答案进行评价，评价结果将会影响完成任务的工人的质量分，而质量分是影响任务推荐的重要因素之一。LBTask 主要包括用户客户端应用、网页端管理应用、后台服务器和数据存储数据库，除了任务发布和任务接收功能，也包括查看历史记录、管理个人信息等辅助功能；除了基本数据的交互功能，服务器也提供了各种任务分配方法和质量控制方法。本平台不仅可以解决移动众包任务，还可以解决与位置无关的普通众包任务。普通众包任务采用电子问卷的形式来解决，与传统的纸质问卷相比，电子问卷缩短了时间和降低了成本，将问卷推送给合适的众包工人以达到收集目标数据的目的。本平台的核心是多种任务推荐方法，这有助于选择最适合的工人来接收任务，在任务推荐方法的帮助下，可以把任务推荐给最合适的工人组，以保证答案的质量。

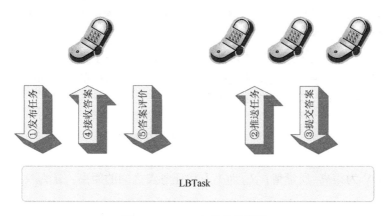

图 4-15　LBTask 的总体流程

在建立的众包平台的基础上，本节也给出了基于智能数体的智能水平和质量的众包任务分配两种策略，以解决众智网络中智能数体的高效协作问题。

　　现有的任务分配方法都是为了尽可能多地将任务分配给工人，缺乏对任务答案质量的保证。因此本节对众包这一众智应用场景进行了研究，提出了两种基于工人质量的任务分配策略，以保证工人提交的答案具有尽可能高的准确性[165]。在图 4-16 的工人质量模型框架的基础上，采用经典的质量控制算法来获取工人的质量，提出了基于工人质量的任务分配策略和基于最大工人距离与质量的任务分配策略，以保证更高的分配质量，并与基于距离最近的任务分配策略进行了比较。通过收集移动众包平台中线下购物中心的打折数据进行了实验，结果表明了所提方法的有效性，保证了众智网络中的众决策博弈能够实现更佳的效果。

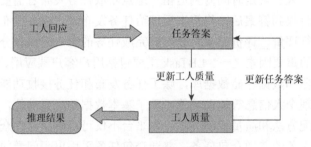

图 4-16　工人质量模型框架

　　（1）基于工人质量的任务分配策略。在一个时间段 p_i 内，给定一组在线工人集合 $W_i = \{<w_1, q_1>, <w_2, q_2>, <w_3, q_3>, \cdots \}$（其中，$q$ 代表工人的质量）和一组可执行的任务集合 $T_i = \{t_1, t_2, t_3, \cdots \}$，对于每一个时间段，将 T_i 内的任务分配给 W_i 中质量最高的 k 个工人，使众包任务获得的答案的准确率最高，其中 k 表示当前任务需要 k 个回答。

　　（2）基于最大工人距离与质量的任务分配策略。基于最大工人距离与质量的任务分配策略在考虑工人质量的同时，也考虑了工人与任务点之间的距离，采用如下公式来衡量工人质量与距离的关系：

$$\mathrm{DQV} = \alpha \frac{1}{d_{wt}} + (1 - \alpha)q_w$$

其中，DQV 为距离–质量值；d_{wt} 为工人和任务点之间的距离；α 为权重；q_w 为工人的质量。

　　众智网络中的众包任务即智能数体的需求，众智网络中的很多需求是异质的，这给智能数体的协作带来了很大的挑战。为了解决异质需求下智能数体的高效协作问题，本节也进行了探究，接下来将以众包这一众智网络的典型应用场景为例，提出针对异质需求的协作方案。

隐马尔可夫模型

　　隐马尔可夫模型是马尔可夫链的一种，它的状态不能直接观察，但能通过观测向量序列观察，每个观测向量都通过某些概率密度分布表现为各种状态，每一个观测向量由一个具有相应概率密度分布的状态序列产生。所以，隐马尔可夫模型是一个双重随机过程，即具有一定状态数的隐马尔可夫链和显示随机函数集。

　　因此对于智能数体的异质需求协作问题，可以基于隐马尔可夫模型建立众智网络中平台型智能数体的资源分配的智能协作策略[166]，以支持众智网络的智能交易，提升交易效率。具体地，本节提出了一种异构供需匹配方法，图 4-17 展示了智能数体的资源分配的智能协作策略框架，将异构需求的可满足性问题转化为优化问题，利用隐马尔可夫模型对供需匹配过程进行建模。使用 Baum-Welch 算法对模型参数进行详细的分析和计算，在此基础上，通过维特比算法探讨了使供给方获得的总收益最大化的有效供需匹配策略。实验评估结果表明，该算法在供需匹配问题上的结果远远优于人工分配。

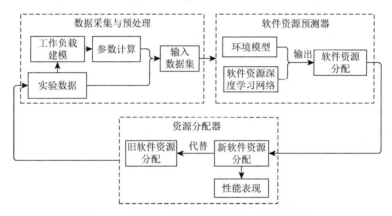

图 4-17　智能数体的资源分配的智能协作策略

　　在智能数体的资源分配的智能协作策略中，迭代反馈机制的三个过程如下[167]。

　　（1）数据采集与预处理：需要输入数据集来训练软件资源预测器。每个输入数据由两部分组成，其中一部分是软件资源设置和系统性能的度量，另一部分是使用半马尔可夫过程（semi-Markov process，SMP）对工作负载建模后计算出的相应工作负载。异构工作负载显著影响多层 Web 系统的性能，因此，对工作量进行建模，对绩效进行有效评估，保证训练数据的准确性是非常重要的。

　　（2）软件资源预测器：用于预测软件资源分配，并将此信息提供给资源分配器，它包括软件资源深度学习网络和环境模型两个部分。前者是一个用于获取软件资源配置变化的深度学习网络；后者提供了在确保系统性能的同时选择软件资源配置的规则。

（3）资源分配器：在本部分中，软件资源预测器获得的新的软件资源分配策略代替了之前的过时策略。之后，随着系统继续使用新的软件资源设置进行操作，新的工作负载和性能数据将作为度量数据交付给数据采集与预处理模块。

由这三个过程组成的迭代反馈机制通过优化软件资源分配，提高了系统的性能。

在此决策过程中，生成决策数据的算法如下。

算法 4-2　生成决策数据

输入：真实数据分布。

输出：数据生成器 G。

初始化数据生成器 G 和判别器 D 的训练参数 θ_G 和 θ_D。

训练 N 个回合，对于每一回合，进行如下操作。

对判别器 D 进行 k 次训练，从初始化的数据生成器 G 和真实数据中采样数据，将数据输入判别器 D 中，并用以下公式更新梯度：

$$E_{x\sim P_{\text{data}}}[-\ln D(x)] + E_{z\sim P_z}(-\ln\{1-D[G(z)]\})$$

判别器 D 训练结束后，从数据生成器 G 采样数据，将数据输入判别器中，并根据以下公式更新梯度：

$$E_{z\sim P_z}(-\ln\{D[G(z)]\})$$

结束回合训练。

获得优化任务分配策略的维特比算法如下。

算法 4-3　获得优化任务分配策略的维特比算法

输入：隐马尔可夫模型参数 $\lambda=(A,B,\Pi)$，观测状态 $OS=\{OS_1,OS_2,\cdots,OS_i,\cdots,OS_T\}$。

输出：优化任务分配策略 $HS^*=\{HS_1^*,HS_2^*,\cdots,HS_i^*,\cdots,HS_T^*\}$。

初始化：将概率最大的状态 m 分配给任务 1，$\delta_1(m)=\pi_m b_m(OS_1), m\in[1,W]$。

状态 m 为 0 时，任务 1 的分配为 $\psi_1(m)=0, m\in[1,W]$。

训练 T 个回合，对于每一回合，进行如下操作。

将状态 m 分配给任务 i 的最大概率为

$$\delta_i(m) \leftarrow \arg\max_{1\le n\le W}[\delta_{i-1}(n)a_{nm}]b_m(OS_i)$$

当状态为 m 时，任务 i 的前一次分配为

$$\psi_i(m) \leftarrow \arg\max_{1\le n\le W}[\delta_{i-1}(n)a_{nm}]$$

结束回合训练。

优化任务分配的概率为

$$P^* \leftarrow \arg\max_{1\le n\le W}\delta_W(m)$$

最后一个任务的最优分配为

$$HS_T^* \leftarrow \arg\max_{1\le n\le W}[\delta_T(m)]$$

根据以下公式，规范优化策略：

$$HS_t^* \leftarrow \psi_{t+1}(HS_{t+1}^*)$$

返回优化任务分配策略:

$$HS^* = \{HS_1^*, HS_2^*, \cdots, HS_i^*, \cdots, HS_T^*\}$$

4.4.4　心智驱动的智能数体决策策略研究

在众智网络中,目标之一是辅助智能数体决策。以现实世界的电子商务平台为例,每个人都希望尽快找到自己需要的商品。此外,在没有明确需求的情况下,他们总是会被一些符合自身审美和潜在意向的商品吸引。因此,众智网络的目标是探索众智网络中智能主体(如电子商务平台中的用户)的兴趣偏好,检索出与其兴趣最相关的物品并推荐给用户,从而达成交易。为了实现这一目标,需要对用户的心智进行探索。兴趣和意图作为智能数体心智最重要的组成部分,对用户的兴趣进行建模具有极其重要的意义。在众智网络中,智能主体的兴趣隐含在其历史交互行为序列中,行为序列往往体现着智能主体的多个兴趣及行为之间的相关性、顺序性。基于历史交互行为序列探索智能数体的兴趣对决策的影响机制,有助于提高众智网络中的交易效率。同时,如果众智网络能够准确地为用户提供最优的建议,并用于辅助决策,将会促进用户对众智网络的依赖,以及众智网络的发展和众智水平的提升。

近几年,随着机器学习和深度学习等领域的发展,深度学习已经吸引了越来越多人的注意,同时也为众智网络的发展提供了新的思路及方法指导。神经网络强大的表征能力对每个智能数体生成一个潜在空间的隐向量表示,使物理世界的每一个智能主体对应一个稠密向量,可以表达丰富的语义信息,在工作中主要表示智能数体的兴趣偏好。一个好的表示能够满足众智网络中的任务、交易的需要,如社交网络发现新的朋友、系统推荐潜在商品。那么表示学习中一个最关键的问题是如何能够学习出很好的表示。

在一些流行的方法中,原始的交互序列及特征信息,如项目特征和用户静态属性特征,被嵌入低维向量空间,然后馈入全连接层,得到最终的推荐结果。在获得良好结果的同时,大多数方法忽略了用户行为序列中一个重要的隐含特性。在现实环境中,用户的兴趣是复杂的,他们的行为序列往往意味着多个兴趣域的交集和平行,行为序列相邻的项目可能没有相关性。例如,用户的观看顺序是《钢铁侠 1》→《盗梦空间》→《泰坦尼克号》→《钢铁侠 2》→《穆赫兰路》,这个序列意味着用户的多种兴趣。又如,用户受《钢铁侠》的影响,喜欢悬疑题材的电影和莱昂纳多主演的电影。对于这种情况,传统的方法有一些明显的缺点。基于马尔可夫链或基于 RNN 的模型更倾向于关注当前输入,RNN 模型的单调假设是当前项或隐藏状态比前一项更重要,这将破坏对用户顺序模式的建模。一些改进工作使用注意力机制提取用户行为序列中的序列模式，但仅简单使用最后时间步的输出来处理这些序列模式，从而导致失去了一些重要的信息，即复杂的序列中包含更多的模式（兴趣域），可能会导致模型过拟合等问题，使模型的性能下降。

对于如何在复杂环境中对智能主体的兴趣建模，以及如何利用兴趣进行推荐从而达到辅助智能数体决策的目的，需要解决现实环境中复杂多样的兴趣对推荐结果的影响问题，在此提出了一种适用于众智网络的多兴趣感知推荐方法[168]，该方法包括嵌入层、两阶段特征提取层和全连接层，如图 4-18 所示。它通过自注意力网络和融合注意力机制的 CNN 两个阶段来细化用户的兴趣表示，从而获得更加抽象和丰富的特征表示。本节提出了一种新的方法来建模智能主体在众智网络中的多兴趣表示，并为智能数体提供建议以辅助决策。为了使推荐结果符合智能主体的兴趣，利用一个多头自注意力神经网络模型，来自动学习粗粒度的多元兴趣。

CNN

　　CNN 是一类包含卷积计算且具有深度结构的前馈神经网络（feedforward neural network），是深度学习的代表算法之一。RNN 具有表征学习（representation learning）能力，能够按其阶层结构对输入信息进行平移不变分类（shift-invariant classification），因此也称为平移不变人工神经网络（shift-invariant artificial neural network，SIANN）。

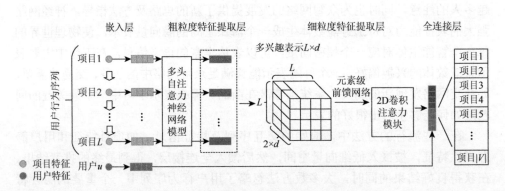

图 4-18　心智（兴趣）驱动的智能数体决策方法

　　具体来说，在粗粒度特征提取层，计算项目在不同兴趣方面的相似度，并得到每个方面的兴趣表示。然后通过构建多兴趣表示，使用标准的 2D 卷积注意力模块（如轻量级的 3×3 卷积注意力模块）来捕获不同方面的兴趣之间的潜在关系，从而获得更抽象、更全面的兴趣表示。此外，在卷积过程中，通过通道注意力学习"哪个兴趣更重要"，然后通过空间注意力轻松找到"那些重要的兴趣在哪里"。本节提出的框架可以很容易地扩展到一个深层结构，以增加模型的接受域，适应较长的序列数据或大数据量。

4.4.5　其他行为决策模型

为了提升智能数体的协作和交易效率，可以从众智网络中频繁的交易模式入手，通过构建众智网络交易图，挖掘出众智网络中频繁的交易模式，以提升交易效率。然而，目前最常见的图模式挖掘方法是利用子图同构的概念对数据图中的候选图模式进行匹配，但是，在一些匹配精度不是很严格的应用中，子图同构的拓扑约束可能会丢失一些有意义的频繁模式。模拟匹配在图模式匹配中起着重要的作用，但是在频繁图模式挖掘领域，现有的模拟匹配概念可能会导致连通候选模式与数据图中连通子结构的匹配，不能保证匹配结果的拓扑，这极大地影响了挖掘的质量，可能会导致挖掘出大量重复结构的冗余图模式。为解决该问题，提出了一种新的模拟匹配概念——colSimulation[169]，如图 4-19 所示，该模

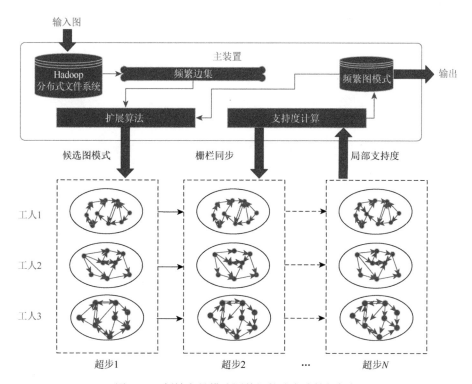

图 4-19　频繁交易模式图数据的分布式挖掘框架

拟匹配能够保证图模式与图数据之间的点对点匹配，有效避免冗余挖掘结果，提高挖掘速度。基于 colSimulation 概念提出的 D-colSimulation 是一种大规模图数据的分布式频繁图模式挖掘方法，能够准确、高效地挖掘出众智网络中频繁的交易模式，为智能数体个体的供需匹配决策提供指导，进一步提升供需匹配的效率。

第5章 众智网络互联建模

众智网络由各个众智的节点即智能数体，以及它们之间的交互规则和互联方式构成。众智网络是去中心化的，核心目标是实现各类智能数体的动态、精准互联，为完成智能数体之间的各类交易活动提供基础。在基础理论与模型方面，本章将阐述智能数体的节点标识和节点结构、具有异质异构特性的众智网络互联、海量智能数体的智能精准搜索原理与方法，以及智能数体之间的信息交互方式等；在关键技术层面，介绍与精准互联服务器相关的智能数体地址编码与管理技术。

5.1 众智网络中的节点

在互联网中，网络节点可以根据不同的用途由路由器、交换机、主机构成，路由器是互联网的主要节点设备。互联网激发了大众信息服务需求，形成了无处不在的在线搜索、实时交互、即时通信和在线协作，催生了一系列新的网络文化和行为。互联网应用把人作为重要因素接入网络，基于用户的创造内容和利用大众智能，互联网正在逐渐建立起一个人与人之间可以充分沟通的公用计算环境，把人参与交互的智能融入网络。

网络节点的不同属性划分了网络的不同属性和功能。随着网络概念的泛化，在由人及其社会关系构成的社会网络中，人为节点，社会关系为边。社会网络是由许多节点及节点间的关系构成的一个网络结构，节点通常指个人或组织。社会网络代表各种社会关系，通过这些社会关系，把从偶然相识的泛泛之交到紧密结合的家人关系的各种人们或组织串连起来。社会网络的形成依赖于一种到多种关系，如价值观、理想、观念、兴趣爱好、友谊、血缘关系、共同厌恶的事物、冲突或贸易，由此产生的网络结构往往是非常复杂的。社会网络分析是用来查看节点、链接之间的社会关系的分析方式，节点是网络中的个人参与者，链接则是参与者之间的关系，节点之间可以有很多种链接。一些学术研究已经显示，社会网络在很多层面运作，从家庭到国家层面都有，并起着关键作用，决定问题如何得到解决、组织如何运行，以及在某种程度上决定个人能否成功实现目标。用最简单的形式来说，社会网络是一张地图，标示出所有与节点相关的链接，社会网络也可以用来衡量个人参与者的社会资本。这些概念往往显示在一张社会网络图中，节点是点状，链接是线状。在社会网络中，每一个人的位置不尽相同，有的人交际面很广，处于网络的核心位置，具有广泛的影响力，类比互联网中的核心路由器或者交换机；有的人则不善交际，社会联系少，处于网络的边缘位置，类比家用路由器，甚至是普通主机。概括来说，每一个节点都有各自的网络特性，节点的网络特性可以反映出节点在网络中的位置和影响力。

影响力可以由多种中心性度量方法衡量。中心性是社会网络研究的重点，个人或者组织在社会网络中具有怎样的权利，或者说处于怎样的中心地位，对信息在整个网络中如何传播，以及传播效果都有十分重要的意义。因此，节点的影响力可以由不同的数学方法定义，常见的中心性度量方法有以下几种。

（1）介数中心性（betweenness centrality）可衡量某节点的信息传递能力，其定义为最短路径穿过某节点的次数。具有高介数中心性的节点如同一个繁忙的十字路口，可通过大量车流。对于网络中的两个节点 A 和 B，它们之间的最短路径可能有很多条。计算网络中任意两个节点的所有最短路径，如果这些最短路径中有很多条都经过了某个节点，那么就认为这个节点的介数中心性高。如果一个行动者处在许多社交网络的路径上，可以认为此人处于重要地位，因为此人具有控制他人交往的能力，其他人的交往需要通过此人才能进行。因而介数中心性测量的是行动者对资源信息的控制程度，如果一个点处在其他点的交通路径上，则该点的介数中心性就高。

（2）接近中心性（closeness centrality）描述了某节点与其他所有节点距离的远近，接近中心性较高的节点与其他节点的距离更近。接近中心性的定义为某节点与其他所有网络中节点之间的平均最短路径长度的倒数。其思想是如果某节点到网络/图中其他节点的最短距离都很小，那么认为该节点的接近中心性高。从几何角度看，这个定义其实比度中心性更符合中心性的概念，因为到其他节点的平均最短距离最小，意味着这个节点处于图的中心位置。考察一个节点传播信息时不依赖其他节点的程度，行动者离其他人越近，则在传播信息的过程中越不依赖其他人，因为一个非核心成员必须通过其他人才能传播信息，容易受制于其他节点，所以如果一个节点与网络中其他节点的距离都很短，则该点是整体重心点。

（3）特征向量中心性（eigenvector centrality）测量某节点在网络中的影响力。节点的特征向量中心性既取决于连接到节点自身的边的数目，也取决于连接节点自身的特征向量中心性。换句话说，某节点的中心性较高意味着该节点与很多中心性较高的节点相连接。通俗来讲，就是影响力大的人不仅朋友多，而且他的朋友也是重要的。从图 5-1 中的例子可以看出，v_7

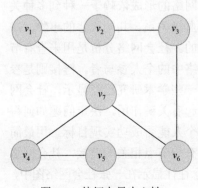

图 5-1　特征向量中心性

节点的中心性由和它相连的 v_1、v_4、v_6 三个节点的中心性来决定，也就是说，如果节点 v_1、v_4、v_6 的中心性越高，那么 v_7 节点的中心性也就越高。

（4）度中心性（degree centrality）定义为与某节点直接相连的节点数目，在社会网络中可以理解为某人拥有的社会关系的数目，如图 5-2 所示。度中心性是运用最广泛的中心性度量方法之一，因为它计算简单，可理解性强。但是其也存在局限，即没有考虑邻接节点的重要性。例如，微博上某账户买僵尸粉来增加粉丝量，可以使该账户的节点入度非常大，但是并不意味着该节点的影响力就大。

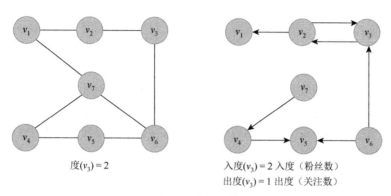

度(v_3) = 2

入度(v_3) = 2 入度（粉丝数）
出度(v_3) = 1 出度（关注数）

图 5-2　度中心性

节点之间集结成团的程度可以用集聚系数描述。在图论中，集聚系数（clustering coefficient）也称群聚系数、集群系数，是用来描述一个图中节点之间集结成团的程度的系数。具体来说，是一个节点的邻接节点之间相互连接的程度，如在社交网络中，你的朋友之间相互认识的程度。有证据表明，在各类反映真实世界的网络结构，特别是社交网络结构中，各个节点之间倾向于形成密度相对较高的网群，相对于在两个节点之间随机连接得到的网络，真实世界网络的集聚系数更高。集聚系数阐述了节点与其相邻节点之间的相互关联程度，在人与人组成的网络中，节点之间倾向于形成紧密相连的群体。众智网络中的节点比互联网中的节点的集聚系数更高，节点之间的联系更为紧密。

集聚系数分为整体与局部两种。整体集聚系数可以给出一个图中整体集聚程度的评估，而局部集聚系数则可以测量图中每一个节点附近的集聚程度。整体集聚系数的定义建立在闭三点组之上，假设图中有一部分点是两两相连的，那么可以找出很多个三角形，其对应的三点两两相连，称为闭三点组。除此之外还有开三点组，也就是之间连有两条边的三点。这两种三点组构成了所有的连通三点组。整体集聚系数定义为一个图中所有闭三点组的数量与所有连通三点组的总量之比。

对于图中具体的某一个点，它的局部集聚系数表示与它相连的点集结成团的程度，用以判别一个图是否是小世界网络。图中一个顶点的局部集聚系数等于所有与它相连的顶点之间所连的边的数量，除以这些顶点之间可以连出的最大边数。得到一个图里每一个顶点的局部集聚系数后，可以计算整个图的平均集聚系数，具体来说，就是所有顶点的局部集聚系数的算术平均数，平均集聚系数与整体集聚系数都是衡量一个图在整体上的集聚程度。如果一个图的平均集聚系数远大于一个在同样的顶点集合上构造的随机图的平均集聚系数，并且它的平均最短路径长度和这种随机图基本相同，则这个图（或网络）称为小世界网络。

在众智网络中，物理空间的智能主体连同其在意识空间中的意识统一映射到信息空间中，形成智能数体，智能数体构成了众智网络的节点。在现实世界中，每个自然人都被认为是拥有智能的个体。企业和组织机构也可以认为具有智能，其智能体现为集体的智能或者领导团体的智能。智能物品是指现实世界的物理空间中具有与人相同的或类似人的意识和行为逻辑、能够对外界刺激做出响应的智能产品。每个智能物品都有其参数或者特征，如形状、大小、功能等，这些在众智理论中也被认为是最低程度的智能，通过问答形式可以在众智网络中表示出其参数或者特征。

智能数体根据其本体（自然人、企业、组织机构、智能物品）的不同体现出的影响力不同，网络的局部集聚系数也不同。众智网络中可能出现枢纽节点，这是因为众智网络具有无标度网络（scale-free network）特征和复杂网络体征。在网络理论中，无标度网络是带有一类特性的复杂网络，其典型特征是网络中的大部分节点只和很少的节点连接，而只有极少的节点与非常多的节点连接。这种连接节点非常多的关键节点（称为枢纽或集散节点）的存在使无标度网络对意外故障有强大的承受能力，但面对协同性攻击则显得脆弱。现实中的许多网络都具有无标度网络的特性，如因特网、金融系统网络、社会人际网络等。而复杂网络是由数量巨大的节点和节点之间错综复杂的关系共同构成的网络结构，用数学语言来说，就是一个有着足够复杂的拓扑结构特征的图。复杂网络具有简单网络，如晶格网络、随机图等结构不具备的特性，而这些特性往往出现在真实世界的网络结构中。复杂网络的研究是现今科学研究中的一个热点，与现实中各类高复杂性的系统，如互联网、神经网络和社会网络的研究有密切关系，无论在社会科学、生命科学还是信息科学中，都存在着拥有十分复杂的拓扑结构特征的网络结构。这种网络结构的形式既不是完全规则，也不是完全随机的，如在度分布中出现的肥尾现象、高集聚系数、边与边之间的相称性或非相称性、社团结构与分级结构等，在有向图网络中，还会出现相互性、三角显著性等其他方面的特征。然而，复杂网络的概念出现以前的数学网络模型并不具备这样的特性。因此，众智网络对随机故障的容错能力和适应性强，主要原因是众智网络是无中心的网络，枢纽节点的数目很少，在大规模的网络系统中几乎不受影响，并且删掉其他节点对网络结构的影响很小，只有蓄意针对枢纽节点的攻击，才会影响网络结构。关于在现实世界中应对流行传染病史，就有学者指出，在社会网络中寻找枢纽节点，优先进行免疫。采取这种策略将会免疫一小部分节点，就可以有效阻断传染病的传播。而众智网络与社会网络不同的是，众智网络的无中心化特性将会有效避免枢纽节点失效造成的网络崩溃。

5.1.1　众智网络节点标识

类似于现实生活中每个人都有唯一的身份标识，例如，身份证、驾照、社保号码等，在局域网中需要媒体访问控制（media access control，MAC）地址来标识每一个网卡，以在局域网中实现主机的通信。同样，为了实现智能数体在众智网络中与其他节点进行通信交互，众智网络的节点也应该具有唯一标识。智能数体标识方法的研究立足于去中心化的视角，将生物独特且唯一的自我标识方法应用于智能数体，应用基于遗传因子编码的智能数体标识方法进行标识编码。

在现实生活中，经常有不法分子根据非法获取的个人信息，通过电话、网络和短信方式编造虚假信息、设置骗局，对受害人实施远程、非接触式诈骗，诱使受害人打款或转账，通常以冒充他人及仿冒、伪造各种合法外衣的方式达到欺骗的目的，如冒充公检法、商家公司厂家、国家机关工作人员、银行工作人员等各类机构工作人员，伪造和冒充招工、刷单、贷款、手机定位等。在互联网中也存在冒用另外一台主机的 IP 地址，从而冒充另外一台机器与服务器打交道，达到破坏、欺骗和窃取数据信息等目的的现象。上述问题的解决都需要研究设计相应的身份认证机制，身份认证的目的是鉴别通信中另一端的真实身份，防止伪造和假冒等情况发生。在智能数体互联场景下，为了解决证明"我是我"的身份认证问题，防止身份欺骗攻击，可以运用共识机制解决身份认证问题，并设计基于共识机制的智能数体认证方法，从而实现智能数体标识认证的去中心化。

1. 基于遗传因子编码的智能数体标识方法

在分子生物学中，双螺旋是指由核酸（如 DNA 和 RNA）的双链分子形成的结构。核酸复合物的双螺旋结构是它的二级结构，并且是确定其三级结构的基本组成部分。这个术语因詹姆斯·杜威·沃森于 1968 年出版的《双螺旋：发现 DNA 结构》的故事而闻名。双螺旋结构的聚合物是核酸的单体核苷酸的碱基配对在一起，在最常见的双螺旋结构物质 B-DNA 中，双螺旋是右手螺旋，环绕一圈大概经过 10～10.5 个核苷酸。

受到遗传因子基于其双螺旋结构的编码方式的启发，众智网络中应用了基于遗传因子编码的智能数体模型编码方法和智能数体标识方法。智能数体模型沿时间轴将需求信息和供给信息作为双链，主体信息和互动信息作为连接体。其中，需求信息是指智能数体提出的需求，可以用向量来表示。例如，本科生寻找研究生导师时，想要申请什么样的导师，可以包括导师的研究领域，在该领域的贡献程度、学术水平，学生评价等。而对导师来说，导师的需求信息就是想要招收什么样的学生，其需求信息可以为学生的专业、成绩、项目经验、外语水平和学校老师的评价等。而供给信息则是智能数体能在众智网络中提供的服务或者能力等，同样在本科生寻找导师时，其供给信息为成绩、项目经验等，对导师来说，其供给信息为学术水平和学生评价等。主体信息则是智能数体自身的属性和信息，同样以学生来举例，主体信息为个人信息。在这些个人信息中，有一部分信息是与生俱来的，如性别、血型等，这部分信息称为静态属性特征；而有一部分信息是随着时间的变化而变化的，如人的学历、身高、体重及掌握的技能和知识等，这部分信息称为动态属性特征。互动信息是智能数体在众智网络中需要或者想要展示的个人信息，为主体信息的子集。

　　如图 5-3 所示，在每个智能数体的编码方面，采集由需求信息、供给信息、主体信息和互动信息构成的四元组并进行编码。为了得到具有唯一性的标识，可以使用密码散列算法。对于任意长度的消息，散列都会产生一个特定长度的数据，称作消息摘要。当接收到消息的时候，这个消息摘要可以用来验证数据是否发生改变，即验证其完整性。在传输的过程中，数据很可能会发生变化，那么这时候就会产生不同的消息摘要。通过散列函数的计算，即能得到一组唯一标识的智能数体的编码，类似于遗传因子编码对人类的唯一标识作用。

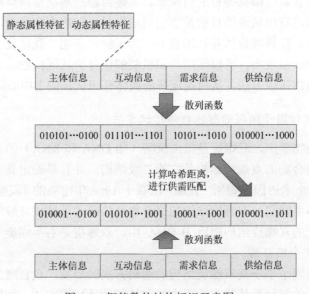

图 5-3　智能数体结构标识示意图

2. 基于共识机制的智能数体认证方法

为了解决智能数体在去中心化、点对点互联过程中的可信认证问题，即证明"我是我"，防止身份欺骗、攻击，需要使用身份认证方法。现行的进行身份认证的技术方法主要是密码学方法，包括使用对称加密算法、公开密钥密码算法、数字签名算法等。根据身份认证对象的不同，认证手段也不同，但针对每种身份的认证都有很多种不同的方法。如果认证的对象是人，则有三类信息可以用于认证：①你知道的（what you know），这类信息通常理解为口令；②你拥有的（what you have），这类信息包括密码本、密码卡、动态密码产生器、U 盾等；③你自身带来的（what you are），这类信息包括指纹、虹膜、笔迹、语音特征等。一般情况下，对人的认证只需要一种类型的信息即可，如口令（常用于登录网站）、指纹（常用于登录计算机和门禁设备）、U 盾（常用于网络金融业务），而用户的身份信息就是该用户的账户名。在一些特殊应用领域，如涉及资金交易时，认证还可能有更多方法，如使用口令的同时也使用 U 盾，这类认证称为多因子认证。

在众智网络中，使用基于区块链的智能数体标识分布式存储机制，将智能数体标识存储于其所在的各个区块链中。智能数体标识用来记录本体的个人属性和信息，对一个人来说，就需要记录其各种证件号码、姓名、住址、教育经历、就诊记录等，数据量会相对比较大。为了数据安全及在需要的时候调用，需要分布式地存储在多个区块链中。在众智网络中应用共识机制的智能数体认证方法，即由区块链中的各个智能数体相互证明各自身份，同时研究解决跨区块链的认证问题。当智能数体在众智网络中进行供需匹配时，为了证实对方的需求信息和供给信息的可靠性，通常需要认证各自的身份。在区块链系统中没有像银行一样的中心化机构，所以在进行信息传输、价值转移时，共识机制解决并保证每一笔交易在所有记账节点上的一致性和正确性问题。区块链的这种新的共识机制使其在不依靠中心化机构的情况下，依然能够大规模且高效协作地完成运转。除了密码学方法，共识机制也是区块链的必要元素及核心部分，是保障区块链系统不断运行的关键。在区块链网络中，由于应用场景的不同，采用了不同的共识机制。目前，区块链的共识机制主要有四类：①工作量证明（proof of work，PoW）机制；②权益证明（proof of stake，PoS）机制；③委托权益证明（delegated proof of stake，DPoS）机制；④验证池（poor）共识机制。

1）PoW 机制

PoW 可简单理解为一份证明，证明做过一定量的工作。通过查看工作结果，就能知道完成了指定量的工作。区块链共识机制用得最多的就是 PoW，比特币和以太坊都是基于 PoW 的共识机制。比特币在区块的生成过程中使用的就是 PoW 机制，简单理解就是大家共同争夺记账权利，谁先抢到并正确完成记账工作，谁就得到系统的奖励，奖励为比特币，也就是挖矿。矿工通过计算机的算力去完成这个记账工作，这个拥有计算能力的专业计算机就是矿机。PoW 的优点在于完全去中心化，节点自由进出，避免了建立和维护中心化信用机构的成本。只要网络破坏者的算力不超过全网总算力的 50%，网络的交易状态就能达成一致，并不可篡改历史记录。投入越多算力，获得记账权利的概率越大，越有可能产生新的区块奖励。但是也存在着缺点，目前，比特币挖矿造成大量算力和能源的浪费；挖矿的激励机制也造成挖矿算力的高度集中；结算周期长，每秒最多结算 7 笔交易，不适合商业应用。

2）PoS 机制

PoS 机制通过持有代币（token）的数量和时长来决定获得记账的概率，类似于股票的分红制度，持有股权越多的人就能够获得越多的分红。代币相当于区块链系统的权益。目前，有很多数字资产使用 PoW 机制发行新币。PoS 机制的优点在于减少了 PoW 机制的资源浪费，加快了运算速度，也可以理解为 PoW 机制的升级版。但是缺点是拥有币龄越长的节点，获得记账权利的概率越大，容易导致马太效应，富者越富，权益会越来越集中，从而失去公正性。

3）DPoS 机制

DPoS 机制是基于 PoS 机制衍生出的更专业的解决方案，类似于董事会投票，指拥有代币的人投票给固定的节点，选举若干代理人，由代理人负责验证和记账。不同于 PoW 和 PoS 这两种机制，它们是全网都可以参与记账竞争，而 DPoS 的记账节点在一定时间段内是确定的。为了激励更多人参与竞选，系统会生成少量代币作为奖励，比特股就采用该方式。相较于 PoW 机制，DPoS 机制大幅提高了区块链处理数据的能力，甚至可以实现秒到账，同时也大幅减少了维护区块链网络安全的费用。但是 DPoS 机制也存在着缺点，即去中心化程度较弱，节点代理是人为选出的，公平性相比 PoS 机制较低，依赖于代币的增发来维持代理节点的稳定性。

4）验证池共识机制

验证池共识机制基于传统的分布式一致性技术，加上数据验证的机制，是目前行业链大范围使用的共识机制，具有不需要依赖代币也可以实现秒级共识验证的优点。但是其去中心化程度弱，更适合多方参与的多中心商业模式。

每一种共识机制都不能同时满足安全性、效率、公平性。去中心化程度越弱，安全性就越低，区块链的运行速度就越快；去中心化程度越强，安全性就会越高，区块链的运行速度就会越慢。PoW 完全去中心化，但效率太低；PoS 提高了效率，但却降低了公平性与安全性；DPoS 有显著的中心化特性，却在短期内效率最高。目前，行业区块链大范围使用验证池共识机制。为了兼顾安全性、效率和公平性，在众智网络中也使用验证池共识机制。

5.1.2　众智网络节点结构

智能数体点对点网络编址与管理技术的研究开发是对智能数体去中心化网络编址和管理的一种可行、安全、可靠的实现，一方面基于六度空间区块链实现智能数体的层次化编址，另一方面借助智能数体的本体实现智能数体互联网络管理的有效性和可行性。

1. 基于六度空间区块链的智能数体网络编址技术

生活中人们通常需要知道自己的居住地址，才能在社会中进行通信，在互联网中同样需要一个地址来唯一标识每一台主机，这样，所有的设备之间才能实现全球通信，IP 地址就用来标识一台主机或路由设备在互联网中的位置。

在众智网络中使用六度空间区块链标识与智能数体标识相结合的智能数体网络编址方式，面向智能数体标识的网络编址算法分为标识分段、分段编址、地址合并三个步骤。其中，智能数体的本体包括主体信息、互动信息、需求信息和供给信息。首先进行标识分段，即将这四类信息分开编址，智能数体的主体信息和互动信息基本上是不变的，可以作为标识的主标识，而需求信息和供给信息是随时间变化而变化的，可以作为副标识；其次对其分别使用散列编码算法进行分段编址；最后将这些地址合并，形成智能数体在某个时间段内的在众智网络中的唯一标识（地址）。六度空间区块链标识由智能数体的所有成员标识按时间轴方向合并而成，因而具有与智能数体相同的编码形式。面向六度空间区块链标识的网络编址算法也分为标识分段、分段编址、地址合并三个步骤，其具体步骤也与面向智能数体标识的网络编址算法类似。

2. 智能数体点对点网络管理技术

对于信息安全，基本的目标是需要保证信息的完整性和可验证性，这样，信息接收者才会相信他们接收到的信息，以及确保他们收到的消息没有被修改过。为了保证信息的完整性，密码学方法是很有效也是必不可少的。设定一套正确并合适的加、解密方案是保证系统通信安全的基本要求，因为不合理的设定将会导致敏感信息的泄露。计算机安全参考手册对安全进行了如下定义，保护一个自动信息系统以保证其资源的完整性、可用性和保密性（包括硬件、软件、固件、信息 / 数据和通信）。这个定义给出了计算机安全的三个重要指标，即保密性、完整性和可用性。联邦信息处理标准对这三个指标进行了如下解释，保密性是指限制信息的获取和发布，专有信息和个人隐私是需要被保护的；完整性是指防止信息被恶意地修改和破坏；可用性是指确保信息可以被可靠和及时地使用和获取。为了保证信息安全，在众智网络中应用智能数体点对点网络安全可信协议与规范，建立以智能数体为管理节点的分布式、多层级管理体系，共同应对各类黑客攻击和其他网络安全问题。

虽然 CIA [信息系统的机密性（confidentiality）、完整性（integrity）、可用性（availability）] 三角给出了安全目标的明确定义，但一些专家认为还需要一些额外的概念，其中两个最常见的概念是真实性和问责制。真实性是指信息能够被核实并被别人信任，所以其他人可以确定他们在和谁交流。问责制是指一个系统中的操作在一定保护条件下的后续恢复操作中和故障隔离中可以被唯一地追溯。在众智网络中，应用智能数体点对点网络虚假信息追溯机制和供需履约追责机制对失信网络节点进行簿记，并通过六度空间区块链通报全网络。当在众智网络中发布虚假需求信息和供给信息的智能数体，以及已经匹配好的供需双方智能数体存在无故违约、恶意失约的情况时，要对发布虚假信息者和违约、失约者进行一定的惩罚，例如，降低其在网络中的信誉度，通报全网，并记录在案，供其余智能数体在匹配供需信息时查询。相对地，对于合规履约用户，也采取了奖励措施，例如，增加信誉度，在供需匹配时增加匹配成功的概率等。

5.2 众智网络的互联

5.2.1 众智网络的互联与搜索

作为众智网络中的重要组成，智能数体是任何可以被建模的事物，包括人、企业、组织机构及智能物品。基于多个智能数体的相互连接与其动态特性可以构成智能化、互联的众智网络（图 5-4 展示了互联的智能数体）。具体地，智能数体是将各类现实对象及其特性数字化后映射至众智网络空间，具有信息-物理-意识特质，且能够向网络中的彼此发送需求请求及供给信息、资源等。不同智能数体之间的关系是不唯一、异构、多模态的，因此众智网络具有异质异构特性。

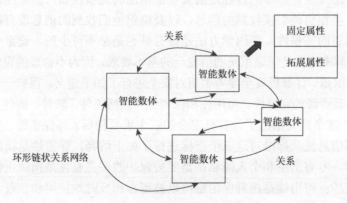

图 5-4　智能数体对象之间的关系

　　智能数体之间供需交易的完成建立在彼此的精准供需匹配上。因此通过建立多维度的智能数体及连接彼此的环形链状关系网络，众智网络为智能数体的属性及关系建立更合逻辑的关联，能够为智能数体彼此的供给和需求之间提供更为精准的互联搜索，图 5-5 展示了精准互联搜索的概念图。在传统的供需关系匹配中，用户或智能数体进行信息搜索查询，返回结果的数量有时并不能反映搜索的有效性，最终的结果与需求匹配度并不满足理想的精准搜索。对于一个查询，传统的搜索引擎动辄返回几十万、几百万的备选项，用户不得不在结果中筛选。因此，众智网络建立以下三种方法来解决上述问题：①通过各种方法获得智能数体没有在查询语句中表达出来的真正用意，包括使用智能代理跟踪用户检索行为，分析用户模型；使用相关度反馈机制，使智能数体告诉搜索引擎与自身需求相关的结果，通过多次交互逐步求精；②用文本分类技术将结果分类，使用可视化技术显示分类结构，智能数体可以只关注感兴趣的类别；③进行站点类聚或相近内容类聚，减少信息返回的总量。

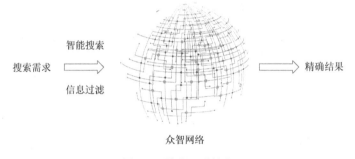

搜索需求　智能搜索　信息过滤　⟹　精确结果

众智网络

图 5-5　精准互联搜索

　　为了进一步优化搜索结果，众智网络提供了基于智能搜索代理的信息过滤和个性化服务[170]。众智网络的智能搜索代理具有解决问题所需的丰富知识、策略和相关数据，能够进行相关的推理和智能计算，可以在智能数体没有给出十分明确的需求时推测出其意图、兴趣或爱好，并按最佳的方式完成任务，将智能数体感兴趣的、有用的信息反馈给用户。同时，智能搜索代理具有不断学习、适应信息和智能数体兴趣动态变化的能力，能自动过滤一些不合理或可能带来危害的要求，并根据环境适当地进行自我调节，提高问题的处理能力，从而提供个性化的服务。此外，为了支持复杂场景下互联与搜索的计算需求，众智网络采用分布式体系结构扩大系统规模和提高效能。众智搜索引擎的实现采用集中式体系结构和分布式体系结构，分布式众智搜索引擎在架构和管理上采用分布和集中相结合的模式，具有集中式众智搜索引擎无法比拟的优势。因此，众智网络通过充分利用服务器集群的各类资源，达到提高服务器性能、提升服务器集群总体服务质量的目的。

众智网络拥有丰富的知识资源库，通过先进的众智知识搜索引擎技术可以支持抽象程度较高的知识层面搜索。众智知识搜索引擎技术的发展进入智能化阶段的过程，它建立在明确的知识来源的基础上，根据智能数体的身份与供需关系，回馈恰当知识结果的搜索引擎。而知识资源库的丰富程度决定着知识搜索程度的高低，它是实现智能搜索的基础和核心。通过丰富的知识资源库和先进的众智知识搜索引擎技术，众智网络更加强调知识的准确、标准，强调通过互动机制如评价、交流、修改、维护等进行搜索结果的自我学习，对信息进行接收、判断、提取、分析和概括，形成自己的知识，保存后成为下一次分析、概括的依据和基础，从中搜索出对用户最有价值的信息，以实现众智知识搜索的智能化。

海量智能数体的智能精准搜索原理与方法的介绍基于六度空间区块链，面向海量智能数体的智能精准搜索原理与方法，实现海量智能数体的智能精准搜索去中心化、社交化、多样化、智能化、可扩展性和鲁棒性的统一。

1. 面向智能数体互联的六度空间区块链原理

本节主要介绍面向智能数体互联的六度空间区块链的基本概念和规则。面向智能数体互联的六度空间区块链是一种将智能数体去中心化、点对点互联的区块链应用。其主要原理为通过将存在供需互动关系的一定数量的智能数体以区块链的方式点对点互联，保证任意两个智能数体之间最多通过 6 个区块链建立连接，故名六度空间。区块链可以作为实现众智网络传输的可靠性、安全性和信息交互的一种基础设施。面向智能数体互联的六度空间区块链定义了智能数体的区块链模型和数据结构，提供了区块链共识机制与分布式一致性、区块链安全机制与加密方法。

六度空间来自著名的六度分离理论，该理论最先出自约翰·格雷的一部电影中的一句话："在这个世界，任意两个人之间，只隔着 6 个人。"六度分隔现象在学术上称为小世界效应，小世界效应的定义是，如果网络中任意两点间的平均距离 L 随网络格点数 N 的增加呈对数增长，即 $L \sim \ln N$，并且网络的局部结构上仍具有较明显的集团化特征，则称该网络具有小世界效应，图 5-6 示意了小世界效应下的六度空间原则。

20 世纪 60 年代，Milgram 和他的同事第一次对这一概念进行了实验，并得出了具有历史意义的数字 6[171, 172]。该实验中，Milgram 尝试证明世界上所有人之间均有很短的朋友链相连。为了证明这一观点，他随机征集了 296 名志愿者作为起始者，分别让他们传递一封信件给目标人物——一位住在波士顿近郊的股票经纪人。每一位起始者都会得到这位目标人物的一些信息（包括他的地址和职业）。之后，把信交给他认为有可能把信送到目的地的熟人，可以亲自送或者通过他的朋友送。每封信均通过朋友链的形式顺序传递，以此形成一个趋近于目标任务的朋友链。

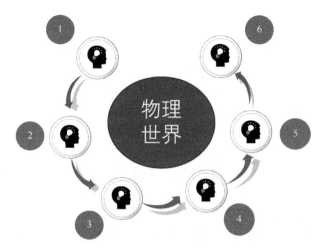

图 5-6　小世界效应下的六度空间原则

　　Milgram 的实验表明，6 为成功将信送达目标人物的路径长度的中间长度，这一数字随后出现在约翰·格雷的电影中。当然，该实验还是留下了思考空间。第一，仅靠以上实验不足以证明"在这个世界上，任意两人之间只通过 6 个人相连"的大胆假设。实验中所设的目标人物过于简单，实验中仍有大量信件未到达目的地，并且，由于参与人过少，该实验不可复制。第二，"人与人之间相连距离甚短"的事实究竟有何现实意义？该信息对当今社会的普通人到底有何价值？这是否意味着人们真的在社会关系上彼此紧密相连？Milgram 在他的论文中对以上问题进行了深入思考。他的结论是，若把每个人看作一个小型社交圈的中心，那么 6 小步的距离即转变为 6 个社交圈的距离，相同问题的不同视角让 6 在此听起来像是一个很大的数了。

　　智能数体是人、企业、组织机构和智能物品从现实世界到数字世界的映射，是现实世界个体在数字世界的代表，可以自动完成交易。由于现实世界的个体每天都在进行交易，智能数体也可以在数字世界中互动，完成交易。各个智能数体具备的供给按需匹配，通过在不同智能数体之间的交互过程完成。具有相同特征的智能数体属于同一个众智网络子网，而所属的众智网络子网则相当于一个圈子的映射。区块链是用来实现众智网络传输的可靠性、安全性及进行信息交互的技术。不同的众智网络子网在逻辑上可对应为区块链区块，通过共同的智能数体进行交互，根据六度分隔现象，任意两个智能数体至多通过 6 个区块链区块便可以进行交互。

面向智能数体互联的六度空间区块链共识机制与分布式一致性算法主要解决所有的节点如何对同一个提案达成共识，也就是分布式一致性问题。这一问题在一个所有节点都可以被信任的分布式集群中是一个比较难以解决的问题，更不用说在复杂的区块链网络中了。在一个分布式网络中，如何保证集群中所有节点的数据完全相同并且能够对某个提案达成一致是分布式系统正常工作的核心问题，而共识机制就是用来保证分布式一致性的方法。由于基于六度空间区块链的众智网络中引入了大量节点，网络中会出现各种非常复杂的情况。节点数量的增加，节点失效、故障或者宕机是非常常见的事情，这为解决分布式一致性问题增加了难度。在面向智能数体互联的六度空间区块链中，利用共识机制解决分布式一致性问题，常用的共识机制包括 PoW 和 PoS。PoW 是一个用于阻止拒绝服务攻击和类似垃圾邮件等服务错误问题的协议，它能够帮助分布式系统满足拜占庭容错机制。PoS 是区块链网络中使用的另一种共识机制，在基于 PoS 的密码货币中，下一个区块根据不同节点的权重和时间进行随机选择。

面向智能数体互联的六度空间区块链采用现代密码学中的哈希算法、对称加密算法、非对称加密算法等来保证数据的机密性、完整性、不可篡改性等安全特性。哈希算法可以将任意长度的消息明文转换映射为固定长度的二进制串输出，该二进制输出值称为哈希值或散列值，又称为该消息的指纹或摘要。对称加密算法中加密与解密的密钥是相同的，速度快且占用空间小、加密强度高，但缺点是密钥一旦泄露就无法继续保持当前系统的安全性，且必须解决如何安全地提前分发密钥的问题。非对称加密算法为用户提供了一组对应的公开密钥和私有密钥，任何人都可以使用公开密钥对数据进行加密，只有用户能使用自己的私有密钥解密。

2. 基于六度空间区块链的海量智能数体精准搜索方法

智能数体点对点互联网络的海量智能数体搜索问题包括面向供需请求搜索和面向精确标识搜索。面向供需请求搜索利用六度空间区块链的特性，沿一度区块链到六度区块链遍历区块链的各智能数体成员，直到锁定已知该供需请求的智能数体，完成搜索后再根据新产生的供需互动关系更新区块链，从而实现精准搜索效率的不断优化。面向供需请求搜索如图 5-7 所示，主要步骤包括：①获取用户的搜索需求信息，接收用户输入的搜索需求信息和/或调取预先存储的搜索需求信息，搜索需求信息以文字、图片、音频及视频中至少一种形式表示；②对搜索需求信息进行识别，确定用户的搜索需求内容，可采用语音识别技术、图像识别技术、视频识别技术将搜索需求信息转换为文本信息，从文本信息中提取关键字，各关键字构成用户的搜索需求内容；③根据搜索需求内容，遍历六度区块链网络中的智能数体，获得对应的搜索结果，区块链网络是由一度区块链到六度区块链通过同一个或多个智能数体相关联形成的网络，每个区块链区块包括若干具有商务、政务和社交关系的智能数体，且每个区块链区块能够提供供给信息和/或需求信息。区块链区块提供第一供需信息，智能数体提供第二供需信息，在遍历时，先匹配第一个区块链区块的第一供需信息，如果成功再进行第二供需信息的匹配，否则继续匹配下一个区块链区块的第一供需信息。

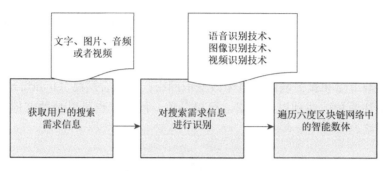

图 5-7 面向供需请求搜索

3. 面向智能数体互联的供需统一编码与自然语言处理算法

智能数体的供需信息中存在大量的歧义现象，对一个概念有多种理解。例如，汉语中的语音、语调、轻重音及停顿等，一经书面表达就有可能产生歧义；供需信息组词灵活，字在词语中的位置变化也可能产生歧义。为了解决该问题，众智网络建立了一种能够高效理解、分析并回答供需信息要求的计算机模型。众智智能搜索引擎使用面向智能数体的分词技术、短语识别技术、同义词处理技术等自然语言处理技术，将信息检索从基于关键词层面提高到基于知识层面，对知识具有一定的理解和处理能力。其中，通过面向智能数体的分词技术进行关键词查询的前提是将查询条件分解成若干个关键词，再用一些关键词来表示文档。另外，面向智能数体的分词技术根据语言资料库进行汇总，获取每个关键词出现的概率及词与词之间的关联信息，再使用正向与逆向最大匹配法进行细分，排除歧义，提高关键词的准确性。面向智能数体的短语识别技术利用词与词之间的特点搭配和语法规则，有效地兼顾关键词与它们之间的关系，更加准确地表述查询请求和文档信息。面向智能数体的同义词处理技术通过人工构造同义词表，建立同义词数据库、蕴含词库等，在语言资料库中自动获取同义词关系，结合查询的关键词，主动关联到与其同义或意思相近的词语，提高信息匹配的准确度。

众智网络通过上述自然语言处理技术构建面向智能数体互联的供需表达语义网络，如图 5-8 所示，具体可包括：①定义网络（definitional network），强调子类型或概念类型和新定义的子类型之间的关系，生成的网络（也称为泛化或包含层次结构）支持将超类型定义的属性复制到其所有子类型的继承规则；②断言网络（assertional network），与定义网络不同，该网络假定其包含的信息是非常真实的，除非它明确用模态运算符（modal operator）标记；③牵连网络（implicational network），使用含义作为连接节点的主要关系，它们可以用来表示信仰、因果关系或推论的模式；④可执行网络（executable network），包括如标记传递（marker passing）等的一些机制，可执行网络可用于执行推理、传递消息，以及搜索模式等相关任务；⑤学习网络（learning network），通过从网络实例中获取知识来构建或扩展其表示，在学习网络中，新知识可以通过添加与删除节点和弧，或通过修改与节点和弧关联的权重来改变旧网络；⑥混合网络（hybrid network），结合了上述两种或两种以上网络，可以是单一网络，也可以是独立但紧密相互作用的网络。

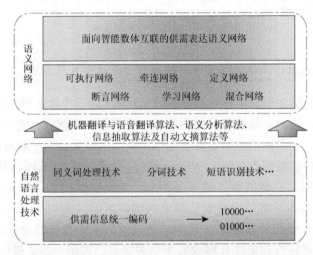

图 5-8　面向智能数体互联的供需表达语义网络的构建

4. 基于供需信息的智能搜索技术

基于六度空间区块链中传播的供需信息的智能搜索技术，是智能搜索引擎的核心部件，它根据预定的策略和用户的查询需求主动地完成信息检索、筛选和管理，避免了用户被动搜索的困扰。智能搜索技术为搜集到的信息建立索引，通过检索器按照用户的查询要求输入检索索引库，并将查询结果反馈给用户；同时，智能搜索技术根据掌握的用户信息对用户的查询计划、兴趣、意图等进行推理和预测，并根据搜索环境的变化及时调整工作计划，为用户提供快速、有效的查询结果，图 5-9 展示了基于供需信息的智能搜索技术的示意图。

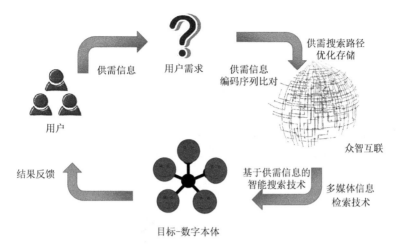

图 5-9　基于供需信息的智能搜索技术

针对智能数体的信息的多源异构特性，众智网络采用的是多媒体信息检索技术[173]。多媒体信息是文本、图像、视频和音频的混合体，现实中此类混合体的映射较多。智能数体被数字化映射后会有多种不同的属性融合，因此多媒体信息检索技术能够更加快速、精准地匹配供需关系。众智网络的多媒体信息检索技术基于内容特征的检索，对媒体对象的内容及上下语义环境进行检索，如图像中的颜色、纹理、形状，视频中的镜头、场景、镜头的运动，音频中的音调、响度、音色等。基于内容特征的检索突破了传统的基于文本检索技术的检索，直接对图像、视频、音频的内容进行分析，抽取特征和语义，利用这些内容特征建立索引并进行快速检索，可以满足用户多层次的需求。

5. 区块链驱动的环形链网结构

基于区块链建立一种精准互联的信任网络，并满足以下条件：①安全性好，个人隐私、商业秘密、交易交往信息通过区块链机制存储，确保不可否认、不可篡改、加密存储，可以保障相关信息安全；②信任度高，加入区块链的相关个人、企业及政府部门等机构均是经过行为主体验证，与该行为主体具有某种商务、政府、社交关系的可信任的个人、企业和机构；③自主可控，区块链中的信息加密存储，其访问控制由行为主体自主设定；④是一种去中心化，去中介化，支持点对点交易，融合商务、政务、社交于一体的网络。本节主要介绍区块链驱动的环形链网结构与形成机制，给出区块链驱动的环形链网的度分布、集聚系数、距离等动力学特性，为基于区块链的环形链网的智能搜索技术提供基础和依据。

区块链驱动的环形链网结构是一种体现群体网络概念的环形链网结构，用来在数字世界中匹配供应与需求[174]。图 5-10 显示了环形链网的原理图,其中,名片表示智能数体。在环形链网结构中,具有高度同质化特征的智能数体链接在一起,同属一个圈子。由于所属环境和角色的不同,智能数体可以同时属于多个圈子,每个圈子都有其主题,图 5-10 中圈子中心的图标就展示了其主题。例如,爱好旅游的大学老师既属于教育圈,也可能属于驴友圈。主题展示了为什么不同的智能数体属于该圈子。在区块链驱动的环形链网结构中,每个圈子通过区块链进行维护,确保其信息的可靠性、安全性。以下将详细介绍环形链网结构中的智能数体、圈子和关系。

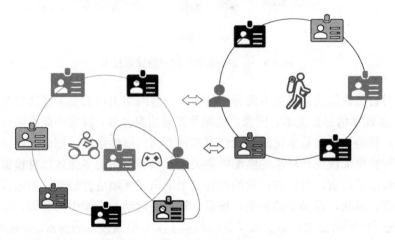

图 5-10　环形链网的原理图

(1)智能数体。智能数体是人、企业、组织机构和智能物品从现实世界到数字世界的映射。智能数体是自主的,这意味着当环形链网结构处于活跃状态时,它可以控制自己的行为,更新自己的属性,而无须人工干预。更重要的是,它可以主动地将供应按需匹配,而无须人工干预。提供按需匹配的过程类似于智能数体之间的信息交换,该信息交换通过四个属性完成,即标识、供给、需求和关系,这四个属性进一步分为动态属性和静态属性,动态属性往往会随着时间而改变,静态属性是变化较少的属性。标识指智能数体是谁,供给指智能数体能够提供什么,需求指智能数体需要什么。具有相同或相似供给和需求的智能数体会链接在一起,形成众智网络子网,也称为圈子。圈子描述的是智能数体的社会关系,每个圈子具有相应的主题,如供给和需求可以认为是技能。虽然智能数体可以拥有多种技能,但没有人能看到它们,只有与技能拥有者属于同一个圈子的智能数体才能看到与圈子主题直接相关的技能。由于智能数体是现实世界的映射,智能数体具有行为,可以根据自身的技能和意愿发送需求信息并接收其他智能数体的需求。此外，每个人每天都在改变，例如，人们可以获得新的技能、有新的要求、加入新的圈子，反映在环形链网中就是环形链网中智能数体的增加、每个智能数体属性的变化等。

（2）圈子。圈子描述了为什么智能数体属于它。由于智能数体某些属性的同质性，不同的智能数体被划分到同一个圈子。注意，圈子具有显示其主题的属性。这个概念借鉴了物质世界的社交圈，圈子的功能类似于路由器，这意味着它可以为需求信息规划路径，也可以指导需求信息在环形链网结构中的传输方式。圈子有智能数体类型和主题两个属性，智能数体类型描述了这个圈子中包含的智能数体是一个人、一个企业、一个组织机构还是一个智能物品，主题是圈子的主题。圈子被认为是重要的路由节点。首先，根据智能数体，查找与之相连的所有圈子，如果 I 圈子内的智能数体类型不符合要求，例如，你需要查找老师，但是圈子中只有企业，那么该圈子内的智能数体类型就不符合要求；如果 II 圈子的主题不匹配需求关键字，则需求信息将不匹配该圈子包含的智能数体；其次，需求信息通过连接圈子内的智能数体发送到所有剩余的圈子，由于圈子可以被访问多次，可以使用散列映射来避免重复访问；最后，利用三度影响理论来限制可访问圈子的数量，避免访问过多的圈子。为了满足要求，圈子应该找到最可能满足要求的智能数体，如果直接连接到圈子的智能数体不满足要求，则圈子应进一步传播需求信息。这是圈子的一个重要功能，也是用于提供按需匹配的基本功能。此外，圈子限制了智能数体的行为，即智能数体不能直接相互作用，这个特性使事务查询更加高效。智能数体只需要将它们的需求信息发送到与自己相连的圈子，当圈子接收到智能数体的需求信息时，它会得到需求的关键字，并试图找到最符合需求的智能数体。匹配是基于圈子的主题进行的，例如，在大学计算机科学学院的圈子里更容易找到计算机科学专业的教授。如果没有完全匹配，圈子内的节点会继续将需求信息转发给其他节点。

（3）关系。关系的概念包含了现实世界中各种各样的社会结构，如具有共同利益的人组成的社区，或公司中常见的等级结构。关系符号不仅可以实现对人的各种社会结构的映射，还可以在环形链网结构中提供方向和路径的按需匹配。它要么是环形链网结构的骨架，要么是供应按需匹配的基础。需求信息具有方向性，可以通过不同的路径转发，是环形链网结构中的关系环节。这种关系是智能数体和圈子之间的一种链接，它可以从字面上理解为"存在于"，它表示为一个从智能数体指向圈子的箭头，环形链网结构的遍历就建立在这一环节上。

该环形链网结构的目标是根据供应按需信息执行事务匹配。为了更好地完成交易匹配，该区块链驱动的环形链网结构保证了交易的安全性，以及互联结构的内容不会被恶意篡改。环形链网结构主要基于六度分隔理论，六度分隔理论表明这个世界上的人是相互联系的，但是，这并不意味着任何两个人都可以建立联系或完成交易。在现实中，由于信息的腐败，影响在三个程度之后就会消散（与朋友的朋友的朋友之间）[175, 176]。因此，在六度空间区块链中，实际上是将六度分隔理论与三度影响理论相结合，使这个互联模型能够更好地模拟物理世界中发生的交易匹配，具体实现方法如下：首先从关系数据库中提取数据，其次将数据放入数据库中，最后构造环形链网。在此基础上使用查询算法，利用 Top-k 查询来寻找最合适的事务对象。查询算法通过供应向量和需求向量的匹配来搜索符合条件的数据，搜索完成后，它对环形链网中符合条件的数据进行排序，并返回 Top-k 结果。

在构造环形链网的过程中，第一步是提取数据库的内容，第二步根据来自数据源（通常是数据库）的数据形成智能数体和社交圈。数据库中的数据也反映了智能数体的社会关系，智能数体和圈子之间的社交联系就来源于这些关系。通过建立智能数体与圈子的关系的链接，完成了环形链网的构造。

环形链网中反映了四种类型的信息，第一种是识别信息，用来区分一个智能数体和其他智能数体；第二种是供给信息，它展示了能够为其他智能数体提供的服务；第三种是需求信息，当智能数体有需求时，就会产生需求信息；第四种是圈子或社会关系信息，它描述了智能数体的社会关系。根据社会关系信息，环形链网能够识别这个智能数体所属的圈子，一个智能数体通常不只属于一个圈子。这四种信息对于环形链网的构造是充分和必要的。识别信息是基本信息和验证信息，它保证了相应的人、企业、组织机构和智能物品在现实生活中存在。如果一个智能数体没有供给信息，它在环形链网中将是没用的，并且，它不能利用其他智能数体完成事务，因为它没有能力向其他节点提供资源。需求信息也是必要的，如果智能数体没有自己的需求信息，就无法从环形链网上获取所需的资源来实现自己的需求。对于圈子或社会关系信息，如果一个智能数体中没有节点连接到它，则它在环形链网中是孤立的。一个孤立的节点无法完成环形链网中的交易，因为它对其他智能数体节点是不可见的，即它不与任何智能数体节点相关联。

5.2.2 众智网络中的交互规则与交互技术

智能数体信息交互协议及方法针对的主体是智能数体点对点信息交互网络层协议和传输层协议。其中，智能数体点对点信息交互网络层协议运用六度空间区块链实现去中心化的编址寻址和有效消息的转发；基于区块链相关技术的可信交易过程中，在关键信息或证据的存证和取证流程、机制和方法，以及区块链数据存证的基础上，引入身份认证和数字证书签发流程，能够保证数据存证主体的可追溯性，为保全众智网络的可信交互电子数据提供了重要的技术支持。

1. 基于六度空间区块链的智能数体点对点网络层协议研究

在构建众智网络之后，本节将介绍由连接模式、标识方法和路由方法三个部分组成的智能数体点对点网络层协议。

基于六度空间区块链的智能数体点对点网络层协议采用的是点对点网络节点的无连接传输模式。众智网络中的节点为智能数体，而所有智能数体是平等的，可以相互通信，因此采用点对点的传输模式。此传输模式下的网络结构采用以下网络拓扑结构[177, 178]。

（1）星型结构。每一个智能数体都通过链接（关系）与中心节点（星顶）相连，相邻智能数体之间的通信都要通过中心节点。这种星型结构主要用于分级的主从式智能网络，采用集中控制，中心节点就是控制中心。这种结构的优点是增加节点时的成本低；缺点是中心节点出现故障时，会导致整个系统瘫痪，所以可靠性较差。

（2）树型结构。其特点是众智网络中有多个关键智能数体，但各个关键智能数体之间很少有信息流通，主要的信息流通是与连接的智能数体之间的信息流通。这种树型结构的优点是通信线路的连接比较简单，网络管理也不复杂；缺点是资源共享能力差、可靠性差，如关键智能数体发生故障时，与该关键智能数体相连的智能数体均失去联系。

（3）环型结构。环型结构中，网络中的信息流是定向的，无信道选择问题，网络管理比较简单。这种结构的缺点是网络吞吐能力差，不适用于大信息流量的情况，它适用于一个较小范围的网络。

（4）网状型结构。这种结构无严格的布点规定和构形，智能数体之间有多条链路可供选择。因此当某一线路或节点发生故障时不会影响整个网络的正常工作，具有较高的可靠性，在费用、吞吐量、应答时间和可靠性方面均表现出网络的特性。而各个节点通常和另外多个节点相连，因此各节点均具有选择信道和信息流控制的功能，其网络管理比较复杂。可以根据不同区块链区块中智能数体的特征选择适合的网络拓扑结构。

智能数体点对点网络节点逻辑地址的标识采用智能数体首次连入的六度空间区块链标识与智能数体自身的标识，组成节点逻辑地址的层次化赋值。在该标识方法下，以每个区块链区块为中心，依次标识一度至六度区块链区块，作为第一级标识，然后对每度区块链区块中的智能数体进行标识，作为第二级标识。在进行供需搜索时，则可先遍历第一级标识，若匹配成功，则继续遍历该标识下的第二级标识；否则，继续遍历下一度区块链区块的第一级标识，如此往复，直到匹配成功。

以连接智能数体的六度空间区块链为子网的消息转发机制采用智能数体点对点网络节点路由方法。属于同一个区块链区块的智能数体可以相互连接，否则需要通过智能数体枢纽（同时属于两个区块链区块的智能数体）进行联系。可以选择的路由协议主要有以下几种。

（1）关系表驱动路由。关系表驱动路由协议是一种主动式的路由协议，或者称为预先式的路由协议。每个智能数体都维护自身的关系表驱动路由，即与其有关系的智能数体信息，即使不需要通信也同样保留其内信息。当关系发生变化时，众智网络的各智能数体会及时更新其关系信息，从而保证当前众智网络的关系信息的准确性。关系表驱动路由能够较准确地反映整个网络的拓扑结构，但维护关系表驱动和更新关系表驱动的代价也不可忽视。

（2）按需驱动路由。按需驱动路由协议也称为反应式的路由协议，它和关系表驱动路由协议正好相反。在按需驱动路由机制中，每个智能数体自身不维护固定的关系路由表，而是当有信息需要传输时才在源节点与目的节点之间建立路由，且没有其他的额外开销。但其缺点是无法保证路由信息的准确性，节点的很多信息也不会长时间保存。当任意智能数体向其他智能数体发送信息时，各智能数体才开始查找路径和发送信息。

（3）基于距离的路由和基于链路质量的路由。这里的距离主要指智能数体之间的影响程度，通常认为直接相连的智能数体之间的影响程度最大。基于距离的路由协议以最短路径来进行路由度量，协议根据不同的算法来计算路径长度的权值（影响力）大小，并根据权值大小计算出最小权值的路径来作为最佳路径。但由于各种干扰的影响，如处理事务的效率、繁忙程度，以及通信距离长短的不确定性，通常这种协议不能达到性能最优。基于链路质量的路由协议考虑到前者的弊端，通过不同的度量准则可以选择影响力大、响应时间快的最佳路由。

2. 智能数体的智能交互技术

建立众智网络中智能数体的智能交互技术，主要通过完成供需关系配对的交互技术来完成智能数体之间的供需交易。众智网络中智能数体的智能交互技术综合性较强，涵盖了语义理解、知识表示、语言生成、逻辑与推理等各个方面，通过完成供需关系配对进行交互，在交互中实现学习与建模[179]。因此，众智网络交互式人工智能（conversational artificial intelligence，CoAI）主要包括但不限于以下几个方面：泛问答系统，包括自动问答、阅读理解等；任务或目标型的对话系统；开放领域的匹配系统。泛问答系统旨在从结构化数据（如知识库、表格）、非结构化数据（如文档）中寻找精确信息来回答用户提问，属于单轮次的对话系统。任务或目标型的对话系统需要通过交互实现一个特定的任务或目标，如各种智能助理、订票、订餐系统等。作为更宽泛的人机交互概念，众智交互式系统不仅以自然语言为载体，更是综合应用图像、语音等多媒体信息，使机器能够理解自身所处的环境，表现出符合情境的智能行为。

3. 可信交互电子数据保全机制

基于区块链相关技术的可信交易过程中，在关键信息或证据的存证和取证流程、机制和方法，以及在区块链数据存证的基础上，引入身份认证和数字证书签发流程，能够保证数据存证主体的可追溯性，这为众智网络的可信交互电子数据保全机制提供了重要的技术支持。在存证数据的隐私保护方面，需要实现区块链内容授权管理机制，只有被授权的用户才可以查看存证数据明文；在存证数据的权威性方面，需要在区块链中引入公证、司法鉴定、审计机构、仲裁机构甚至法院等权威节点，通过权威节点背书，避免出现区块链核心节点合谋篡改或销毁数据的情况。

众智网络的可信交互电子数据保全机制（图 5-11）主要应用区块链技术，形成去中心化的电子数据存储网络，建立分布式账本，智能数体在其中开设账户，建立自己的地址。每个智能数体都可以在电子数据存储区块链上建立账户，获得一对公开密钥与私有密钥，地址是公开密钥的哈希值，智能数体之间通过私有密钥与地址进行交互。在此基础上，划分以下四个层面的内容。

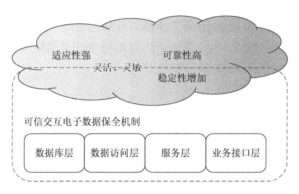

图 5-11　可信交互电子数据保全机制

（1）数据库层，是整个系统的底层，完成系统所有数据的各类操作，包括数据的添加、删除、更新、插入等。可信交互电子数据保全机制将使用 DB2 数据库，根据实际的可信交互电子数据保全机制的需求，制作多个数据库表，包括角色表、用户表、委托方信息表、数据保全信息表等。通过这些表将相关信息进行分门别类的存储，并为实现数据的相关操作奠定基础。

（2）数据访问层，负责向数据库层发出各类操作指令，同时接收数据库层的操作反馈结果，再提交给服务层。在设计的系统实现中，使用 Java 数据库连接（Java database connectivity，JDBC）技术访问数据库层，通过加载数据库驱动实现对数据库层的链接和操作。

（3）服务层，主要实现的功能是通过业务逻辑和服务接口实现的主体功能。三层的软件架构设计使用户无须直接与数据库层进行交互操作，而是通过服务层承上启下，实现了系统的各个功能逻辑处理，如系统管理、数据同步、获取时间戳服务等。

（4）业务接口层，是系统直接提供面向用户服务的表现层[167]。用户通过调用这一层发布的网络服务（web service）接口，实现异源程序之间的交互操作和信息交换，建立了基于信息交换的通信模型，定义松散关联和文档驱动的通信。

通过上述的系统体系结构设计，基于区块链技术的可信交互电子数据保全机制具有以下几点优势：①数据不可篡改，保证数据的正确性及有效性；②分布式存储，能够防止特殊情况下数据丢失；③匿名性，智能数体的隐私能够得到充分保障；④网络共识，保证电子数据可信；⑤适应性强，系统的业务接口层和服务层采用网络服务技术，实现了跨平台、跨语言的信息交换解决方案，通过简单的机制，各个业务应用系统能够轻松地与可信交互电子数据保全机制实现通信；⑥可靠性高，通过增加数据访问层，整个系统的核心数据库的安全性大幅提升；⑦系统性能具有优势，可信交互数据保全机制中使用了大量组件和面向对象、面向服务的程序设计思想，使系统更加灵活、灵敏，同时系统对大量的提交的可信件采用独立的文件服务器存储，这样的分布式存储设计可以提高整体系统的性能；⑧稳定性好，各个模块之间互相独立、灵活集成，使整个系统的稳定性增加，大大降低了系统的错误概率[180]。

第6章 众智网络应用

6.1 众智网络在智能政务领域的应用

6.1.1 传统政务服务领域的挑战

习近平总书记明确要求"实施国家大数据战略，加快建设数字中国"[①]。数字政府是数字中国建设的基础，丰富的政务数据资源是数字政府治理的核心。中国共产党第十九届中央委员会第四次全体会议审议通过的《中共中央关于坚持和完善中国特色社会主义制度 推进国家治理体系和治理能力现代化若干重大问题的决定》把推进全国一体化政务服务平台建设作为完善国家行政体制、创新行政管理和服务方式的关键举措，是推进国家治理体系和治理能力现代化改革的基础要素。

我国全国一体化政务服务平台建设取得显著成效，目前正向深水区开展探索，面临更为复杂、艰巨的问题，包括部门之间的信息不能有效传递，对政务服务效率造成很大影响；政府的管理水平需要进一步科学规范，除了深入进行行政治理体系改革，还需要通过采用先进技术手段辅助提高决策效率，促进政府治理方法科学化、智能化；在严格保障网络安全与隐私安全的条件下，提高信息系统之间的互联互通效率、有条件政务数据共享水平；政务服务水平不高，急需实现政务服务的自动化与智能化。

具体地，传统政务服务领域面临的复杂、艰巨问题包括以下几种。

（1）基于传统模式的电子政务服务系统采取中心化服务模式，数据一般由大数据局等特定政府机构集中管理，不利于政务数据的高效、开放共享，导致部分领域的政务服务不足。政府数据的共享交换过程具有较高的安全风险，导致各部门在数据共享交换过程中有很大顾虑。各部门的信息难以统一整合，无法从根本上对所有的政府数据进行共享利用。

（2）传统政务服务模式不支持异构业务系统之间的自主智能协同，无法支持跨层级、跨地域、跨系统、跨部门的业务流程。

（3）传统政务服务模式仍然存在惠企惠民政策落地慢、落地难和企业、群众

[①] http://www.xinhuanet.com//politics/2017-12/09/c_1122084706.htm.

对政策"不知晓、找不到、不会用"的弊端，没有实现"政策找人"，应主动匹配政策和政务服务对象，对不同对象进行定制性服务和实施相应政策。

（4）缺少完整的异构系统业务流程的协同服务效能评估和监测体系，无法实现信息隐私安全环境下对全局业务流程的执行评估分析，应该通过评估分析不断优化异构协同之间业务流程执行的效率，优化整个服务流程的效能。

（5）传统政务服务模式下，访问主体身份认证、数据传输加密、访问授权控制、数据可信安全、访问行为审计追溯等功能需要集成不同技术、不同种类的安全产品来实现，系统组网对接困难，复杂度大大提高，系统性能和可靠性受到很大影响。随着新的服务对象及参与主体的持续增加，系统将变得更加难以建设、维护和使用。

我国电子政务系统的现代化改造一直与政府职能转变的改革创新相辅相成。这需要建立智能政务众智网络，最大限度地释放和高效利用政务服务中自然人、企业、组织机构和智能物品的智能，促进政府组织结构完善、工作流程优化，以提供高质量的政务服务、服务产业，提升城市精准治理水平，促进民生，加强群众有效监督等，支持建设精炼、高效、廉洁、公正的政府。

6.1.2　智能政务众智网络建模

1. 智能政务众智网络中的智能数体

在智能政务众智网络中（图 6-1），参与交互的智能主体有自然人、企业、组织机构和智能物品四类，每个智能主体都可以同时存在于多个业务办理系统中，如社保系统、医保系统、就业系统、人才服务系统、税务系统等，企业开办、个人事项办理等业务有时需要横跨十几个部门，需要几十个系统联动才能办成。

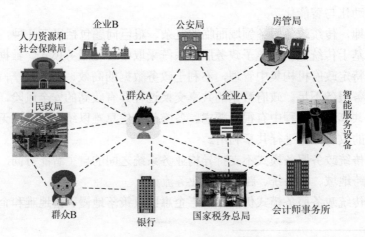

图 6-1　智能政务众智网络示意图

为了全面、真实、准确地描述众智网络中众多的参与主体，需要为这些主体建立其在众智网络中的智能数体本体模型，这里给出了自然人、企业等智能数体的建模示例。

1）自然人智能数体

在智能政务众智网络中，对自然人智能数体的建模从"我是谁""我的供给""我的需求""我的交互圈"四个维度展开。

（1）"我是谁"，即对自然人的标识和智能政务领域的基本信息的描述。

政务场景中，自然人的基本信息包含自然人智能数体的标识、人口统计学属性、社会属性、心理属性等。

自然人在众智网络中的标识需带有遗传特征，因此自然人的标识由遗传学信息特征映射而来，如眼睛的虹膜特征、指纹、血型等。智能政务众智网络中自然人的人口统计学属性按照智能数体的本体模型框架进行构建，应至少包含证件号码（身份证号或者护照号）、姓名、性别、出生日期及地域属性（籍贯、家庭住址和工作地址等）。智能政务众智网络中自然人的社会属性按照智能数体的本体模型框架建立，应至少包括联系方式（手机、固定电话、邮箱、微信号等）、家庭状况（婚姻状况、生育状况、父母状况等）、工作情况（工作单位、职业、职务）、教育背景（受教育程度、毕业学校、毕业专业、入学时间、学制等）等。智能政务众智网络中自然人的心理属性应至少包括性格、偏好、情感倾向等。

（2）"我的供给"，即对自然人在智能政务领域的供给信息的描述。

智能政务众智网络中自然人的供给包括有形供给和无形供给，有形供给包括物质供给、财富供给等，无形供给包括技能供给、情感供给等。

（3）"我的需求"，即对自然人在智能政务领域的需求信息的描述。

根据马斯洛需求理论，智能政务众智网络中自然人的需求包括生理需求、安全需求、社会需求、尊重需求和自我实现需求。

（4）"我的交互圈"，即对自然人在智能政务领域的互动空间信息的描述。

智能政务众智网络中自然人的互动空间包括亲友圈、企业圈、政务圈、智能装备圈等。

2）企业智能数体

对企业智能数体的建模从"我是谁""我的供给""我的需求""我的交互圈"四个维度展开。

（1）"我是谁"，即对企业的标识和智能政务领域的基本信息的描述。

政务场景中，企业的基本信息包括企业智能数体的标识和企业情况，企业情况主要包括企业基本情况、高管情况、发行相关情况、参控股公司情况和主营情况。

企业在众智网络中的标识可通过其创始属性表达，即企业的组织机构代码。企业基本情况依据企业智能数体的本体模型构建，应该至少包括注册号、公司名称、联系方式、地域、产品、员工、管理层等信息。企业的高管情况应至少包括监事会组成、董事会组成及公司高管。企业的发行相关情况和参控股公司情况参考 4.2.3 节中企业智能数体模型的发行相关情况和企业参控股公司情况。企业的主营情况应至少包含产品类型、产品名称、经营范围等信息。

（2）"我的供给"，即对企业在智能政务领域的供给信息的描述。

在智能政务众智网络中，企业智能数体的供给包括产品供给、人才供给、资金供给等。

（3）"我的需求"，即对企业在智能政务领域的需求信息的描述。

在智能政务众智网络中，企业智能数体的需求包括国家政策倾向需求、人才需求、资金需求、管理需求等。

（4）"我的交互圈"，即对企业在智能政务领域的互动空间信息的描述。

在智能政务众智网络中，企业智能数体的互动空间包括企业圈、政务圈、智能装备圈等。

3）组织机构智能数体

对组织机构智能数体的建模从"我是谁""我的供给""我的需求""我的交互圈"四个维度展开。

（1）"我是谁"，即对组织机构的标识和智能政务领域的基本信息的描述。

政务场景中，组织机构的基本信息包括组织机构智能数体的标识和组织机构的政务服务信息（功能、职责等），以及组织机构的结构设置。

组织机构在众智网络中的标识为全国组织机构统一社会信用代码。组织机构的基本信息包含组织机构代码、机构名称、职能、服务范围、组织结构、所在地及联系方式等信息。组织机构的结构设置应至少包含机构设置、工作职责、负责人信息等。

（2）"我的供给"，即对组织机构在智能政务领域的供给信息的描述。

在智能政务众智网络中，组织机构智能数体的供给主要是特定政务服务供给。

（3）"我的需求"，即对组织机构在智能政务领域的需求信息的描述。

在智能政务众智网络中，组织机构智能数体的需求包括管理需求、社会价值需求等。

（4）"我的交互圈"，即对组织机构在智能政务领域的互动空间信息的描述。

在智能政务众智网络中，组织机构智能数体的互动空间包括政务圈、工作人员圈、智能装备圈等。

2. 智能政务众智网络应用场景

传统政务服务系统中，各类参与对象的交互是点对点的，因此存在信息不透明、信息传播的可信度降低等问题，各类对象的协作效率不高。群众的"指南看得懂，办事少跑腿；材料交得少，信息填得少；窗口少排队，来了就能办；在家也能办，一次不用跑"的办事便捷需求，以及企业的"减少变相审批，降低准入门槛；优化项目流程，减环节减时限；加强信用监管，减少恶意竞争；信息互联互通，降低交易成本"的营商环境需求还无法完全满足。

而在智能政务众智网络中，各类智能数体的数据是去中心化、分布式存储的。以自然人（群众）为例，群众的身份数据存储并备案于公安部门的数据库，群众的婚姻状况存储于民政局的数据库和自身的众智网络节点服务器，群众的心理倾向存储于自身的众智网络节点服务器，工作及收入等情况存储于公司与人力资源和社会保障局。众智网络利用区块链等技术提供安全可信的信息存储和检索方式，将各类智能数体的数据进行全网同步，能够保证智能数体各类信息的快速查找和检索。

在万物互联的智能政务众智网络中，各类智能数体不断感知周围环境的变化，在自身心智的影响下，根据自己的供给和需求与其他智能数体进行交互协作，最终达成交易。相比传统政务服务场景下各类智能主体的交互，在智能政务众智网络中，各类智能数体深度互联，协作更加高效。本节将给出几个智能政务众智网络的具体应用场景示例。

1）群众办事

群众办事难，难就难在不方便，例如，办个户口页、开个小商店、批个宅基地证等小需求也要到乡镇或者县里跑很多部门。群众普遍反映办事摸不到门、找不到人、不知如何办，有时候花几天时间也不一定办成。究其原因，一是政策、法规的规定造成审批程序烦琐；二是审批流程复杂，环节过多；三是部门职责不清，职能交叉、不协调。虽然各地政府都在建设一站式服务，推行"互联网+政务服务"模式，力图解决群众办事难的问题，但造成群众办事难的根本原因并没有得到有效解决。

图 6-2 展示了一个智能政务众智网络的环形链网，将不同的智能数体链接起来。在未来的智能政务众智网络中，群众通过个人门户提出办理政务的需求，如迁出户口的需求，将会在智能政务众智网络中匹配到相应的处理部门如迁入地派出所智能数体的供给，与此事项相关的群众信息，如姓名、性别、身份证号、婚姻状况、教育程度、子女情况、工作单位等将会被迁入地派出所智能数体感知，群众并不需要像传统办理户口迁出那样填写申请表格。需要部门之间协调的处理流程也将通过智能政务众智网络中智能数体间的协作完成，如需要和迁出地派出所确认人员的居住地信息，与房管局确认迁入地居住房的信息，与民政局确认婚姻状况等。智能数体的决策和协作对群众是透明的，只有在群众对某些默认项，如现场办理时间、交付地点等存在办理偏好或者主观意愿时，才需要群众的进一步参与，群众最终将得到满足自身需求的政务服务，做到足不出户、一次办好，真正解决群众办事难的问题，从而使政务服务的效能不断提升，群众满意度不断提高。

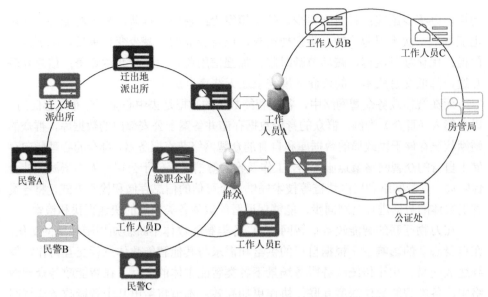

图 6-2　智能政务众智网络的环形链网示例

2）企业办事

相对于群众办事，企业办事因为涉及的具体事项和部门更多、流程烦琐、需要的专业知识更多等，体现为企业办事更难。以企业开办事宜为例，一般要经过公司核名、开验资账户、进注册资金、会计师出验资报告、交到工商行政管理局、工商行政管理局出具营业执照、刻章、办理代码证、办理税务登记证、开设基本户、税务做税种核定、买税控机、办理办税人联系卡、买发票等环节，企业才能正式运营，而且这些流程也存在变更的可能性，需要准备的材料包括公司章程、股东会决议、租赁合同、财务人员信息等众多资料，一般人员很难掌握这些办理流程及所需材料，即使在一些专业咨询公司的帮助下，也经常存在办事慢、多头跑、来回跑等众多企业办事难的情形。

在未来的智能政务众智网络中，企业通过个人门户提出办理具体事项的需求，如上面提到的企业开办这一需求，将会在智能政务众智网络中匹配到相应的工商管理部门智能数体的供给，工商管理部门智能数体将首先感知到必要的企业信息。企业并不需要像传统企业开办那样填写申请表格，因为企业开办流程需要银行、会计师事务所、税务部门、房管局等多部门的配合才能完成，工商管理部门智能数体将按照流程和这些智能数体完成协作，并根据流程完成情况做出事项督促、寻找替代智能数体等决策。智能数体的决策和协作对企业是透明的，只有在需要企业确认可选项或主动改变默认项时，如改变注册名、改变注册银行，才需要企业的进一步参与，企业最终将得到满足自身需求的政务服务，而且整个政务服务过程智能、高效，能够真正解决企业办事难的问题。

3）主动服务

智能数体的深度互联加深了不同智能数体之间的相互了解，促进了智能数体的深度协作，一些传统政务服务系统无法实现的政策找人、主动服务等深层次的政务服务模式得以实现。

政府各部门的智能数体可以根据各自的服务供给与情景智能感知，以及基于供需智能撮合匹配的主动服务技术，得到安全可信的"数据人""数据企业"服务对象，智能发起主动服务流程，自动触发跨层级、跨地域、跨系统、跨部门的业务流程，与其他智能数体深度协作。众智网络将各类智能数体通过区块链等可信技术连接，以解决协作过程中可能存在的数据滥用、隐私保护不充分等问题；对各类政务服务过程的数据进行可信存储，保证政务服务过程的可溯源性和透明性。

智能政务众智网络实现政策找人，主动匹配政策和政务服务对象，对不同对象进行定制性服务和实施相应政策，形成无感智办、主动服务的智能政务服务新模式。然而，由于智能政务众智网络中各智能数体的深度互联，政务服务流程并不是简单地将线下搬到线上，而是可以进行创新、高效、协同的工作，实现流程再造，众智网络智能不断得以进化，政务服务流程不断得以优化，必将为建设便捷、高效、透明、开放、智慧的整体服务型政府提供有效保障。

6.2　众智网络在电子商务领域的应用

6.2.1　传统电子商务领域的挑战

电子商务通常是指以信息网络技术为手段，以商品交换为中心的商务活动，包括在互联网、企业内部网和增值网中以电子交易的方式进行交易活动和相关服务的活动，以及在全球各地广泛的商业贸易活动中，在因特网开放的网络环境下，基于客户端/服务端应用方式，买卖双方不谋面进行的各种商业贸易活动。实现消费者的网上购物、商户之间的网上交易和在线电子支付，以及各种商务活动、交易活动、金融活动和相关的综合服务活动均属于电子商务的范畴，可以理解为传统商务活动各环节的电子化、网络化、信息化。电子商务是因特网爆炸式发展的直接产物，是网络技术应用的全新发展方向。因特网本身具有的开放性、全球性、低成本、高效率的特点，也成为电子商务的内在特征，并使电子商务大大超越了作为一种新的贸易形式具有的价值，它不仅会改变企业本身的生产、经营、管理活动，而且将影响到整个社会的经济运行与结构。以互联网为依托的电子技术平台为传统商务活动提供了一个无比宽阔的发展空间，其突出的优越性是传统媒介手段根本无法比拟的。

电子商务发展至今不过几十年，给世界和人们的生活带来了翻天覆地的变化。电子商务以电子化、数字化的方式实现整个商贸过程中的各阶段活动，包括供应链管理、电子支付、电子交易市场、在线营销、在线交易处理、电子数据交换等，B2B、B2C、C2B、C2C、O2O 等各类电子商务模式应运而生，阿里巴巴、京东、美团、拼多多等众多电子商务知名企业快速壮大。电子商务因其低成本、高效率、便利性的特点，已经成长为经济增长的新动力。

在全球宏观经济社会格局中，以 AI、大数据、云计算、区块链为代表的现代数字技术重塑了各个产业的商业模式和系统架构。5G 和 AI 等新技术正在驱动数字经济向智能化经济升级，AI 技术已逐渐成为推动电商销量增长和优化电商运营的强大工具，到 2025 年，全球智能经济的增量将达到 100 万亿元。随着 AI、大数据、云计算、区块链等技术的快速进步，电子商务也正朝着智能化和初级的众智化方向发展。电子商务行为越来越多地依赖于机器学习和 AI，在电子商务交易的过程中，人的作用日益降低，平台和系统自动服务的功能日益强大，与人工作业相比，平台和系统拥有更高的效率和更好的效果。电子商务逐步发展到智能商务（intelligent commerce）阶段。

智能商务是指电子商务的智能化。简单地说，智能商务就是利用大数据、AI、云计算等现代先进技术，使商业贸易活动的交易过程在电子化、网络化、在线化的基础上，朝更多的数据分析、交易推荐、人机互动、商务拓展、体验升级等方向发展，使网络交易系统像人一样推理、思考和行动，拥有和人一样的思维，自主解决和处理商业过程中出现的问题，完成以往需要人的智力才能胜任的活动。目前，电子商务的智能化主要体现在以下几个方面。

（1）辅助智能交易。智能交易系统按照委托人设定好的范围与要求，自动搜集、整理、分析资料，自动出价，帮助交易双方自动完成交易。

（2）智能化拓展业务。一方面让消费者在众多电子商务网站和海量信息中快速、精准地锁定自己的需求，找到想要购买的商品和需要的服务，根据消费者的历史消费记录、行为和习惯，分析消费者的可能潜在消费需求，为消费者提供针对性的广告和商品服务；另一方面帮助电子商务企业将海量的消费群体中的非用户转变为用户，开发新的用户和业务。

（3）企业商务智能化。不仅帮助企业的产品和服务实现网络化销售和服务，更进一步帮助企业实现其内部商务运营的智能化。运用数据仓库、多维分析、数据挖掘等技术，将企业收集到的海量、无序数据转化为可供决策的有价值的情报和知识，将商业智能化的范围从前端的对外交易拓展到企业完整的商务管理。

随着电子商务发展到智能商务阶段，电子商务也开始越来越具备众智网络的各类特征。智能化的电子商务网络交易系统能够取代人直接做决策并指挥行动，决策的内容包括商品服务的推荐和选择、交易的自动完成、互动的自动实现、业务的挖掘和开发等，具体而言有三个特征。

（1）人的干预度不断降低，系统可以自动进化。在电子商务的全过程中，系统自动完成的程度不断提高，人的参与和干涉越来越少，并且获得比人工处理更高的效率和更好的效果。而且随着数据的不断增加和技术的不断进步，机器系统强大的快速学习能力的优势得以放大，系统不断自动优化，系统功能和服务满意度持续提升。

（2）精准满足每个客户的个性化需求。系统提供的服务看起来像是专门为每个客户量身定制的。消费者感受到的就像是人在提供服务，不再是机器服务千篇一律的僵硬形象，而且能提供比人工更细致、更精准的服务。系统的记忆力远高于人，可以记住客户的所有资料。正是由于数据的海量化，才体现出精准服务的难度和重要性，而精准服务在海量化的繁杂信息中，才能提升交易的成功率和服务的满意度。

（3）实时低成本自动服务海量客户。系统可以提供 24 小时不间断的服务和品质稳定的客户服务，也可以同时服务 10 亿级别的海量客户，这在没有大数据、云计算和 AI 的过去是不可能做到的。系统不会疲劳，也不会像人类服务员一样情绪化而影响服务品质。

随着智能商务网络的进一步发展，电子商务将全面进入众智网络时代，商贸流通和社会消费将发生巨大变化，物流、商流、资金流和信息流与智能商务时代相比呈现出不少新的特征，同时也面临着模式创新、技术突破、法律规制等诸多难点，需要政府、广大电子商务企业和从业者以更大的勇气和智慧砥砺前行，开创新的众智商务时代。

6.2.2　电子商务众智网络建模

1. 电子商务众智网络中的智能数体

在电子商务众智网络中，参与交互的智能主体有自然人、企业、组织机构和智能物品四类，包括消费者、客服员、快递员等自然人，生产企业、销售企业、物流企业、电子商务平台等企业，市场监督管理机构、税务管理机构、中央网信办等组织机构，智能物流车、智能货柜等智能物品。为了全面、真实、准确地描述众智网络中的众多参与主体，需要为这些主体建立其在众智网络中的智能数体本体模型，本节给出了消费者、客服员、快递员等自然人，生产企业、销售企业、物流企业、电子商务平台等企业，市场监督管理机构等组织机构，智能货柜等智能物品的建模示例。

1）消费者智能数体

对消费者智能数体的建模从"我是谁""我的供给""我的需求""我的交互圈"四个维度展开。

（1）"我是谁"，即对消费者的标识和电子商务购物场景下的基本信息的描述。

在电子商务购物场景中，消费者的基本信息包含消费者的标识、人口统计学属性、社会属性、心理属性，以及购物行为和偏好。

消费者在众智网络中的标识需带有遗传特征，因此消费者的标识由遗传学信息特征映射而来，如眼睛的虹膜特征、指纹、血型、肤色等。消费者的人口统计学属性同6.1.2节中智能政务众智网络中自然人的人口统计学属性，消费者的社会属性同6.1.2节中智能政务众智网络中自然人的社会属性。消费者的心理属性应至少包括性格、偏好、情感倾向等。

在电子商务众智网络中，消费者的购物行为和偏好是最关键的基本属性，应至少包括购物行为指标（购物时间、购物平台、购物工具、购物清单、支付方式、支付金额等）和购物喜好指标（购物风格分析指标、购物喜好类型指标等）。

（2）"我的供给"，即对消费者在电子商务购物场景下的供给信息的描述。

在电子商务购物场景中，消费者的供给主要是消费者的购物行为指标和购物喜好指标信息，如消费者的以往购物清单、消费者的搜索商品行为、消费者领取优惠券行为、以往购物喜好分析，以及消费者以往购物的支付能力等。

（3）"我的需求"，即对消费者在电子商务购物场景下的需求信息的描述。

在电子商务购物场景中，消费者的需求主要是在一次购物过程中，对商品功能性能精准匹配其期望值的需求。

（4）"我的交互圈"，即对消费者在电子商务购物场景下的互动空间信息的描述。

在电子商务购物场景中，消费者的交互圈包括血缘亲友圈、朋友圈、商家客服圈及购物同伴圈等。

2）客服员智能数体

对客服员智能数体的建模从"我是谁""我的供给""我的需求""我的交互圈"四个维度展开。

（1）"我是谁"，即对客服员的标识和在电子商务购物场景下的基本信息的描述。

在电子商务购物场景中，客服员的基本信息包含客服员的标识、人口统计学属性、社会属性、心理属性。

客服员智能数体在众智网络中的标识需带有遗传特征，因此客服员的标识由遗传学信息特征映射而来，如眼睛的虹膜特征、指纹、血型、肤色等。客服员的人口统计学属性同6.1.2节中智能政务众智网络中自然人的人口统计学属性。客服员的社会属性同6.1.2节中智能政务众智网络中自然人的社会属性。客服员的心理属性应至少包括性格、偏好、情感倾向等。

（2）"我的供给"，即对客服员在电子商务购物场景下的供给信息的描述。

在电子商务购物场景中，客服员的供给主要是客服员与消费者沟通的能力、说服消费者购物的能力、解决消费者售后投诉的能力等。

（3）"我的需求"，即对客服员在电子商务购物场景下的需求信息的描述。

在电子商务购物场景中，客服员的需求主要是对消费者以往购物信息的获取需求和对消费者消费喜好分析信息的获取需求等。

（4）"我的交互圈"，即对客服员在电子商务购物场景下的互动空间信息的描述。

在电子商务购物场景中，客服员的交互圈包括血缘亲友圈、朋友圈、消费者交流圈、产品售后交流圈等。

3）快递员智能数体

对快递员智能数体的建模从"我是谁""我的供给""我的需求""我的交互圈"四个维度展开。

（1）"我是谁"，即对快递员的标识和电子商务物流场景下的基本信息的描述。

在电子商务物流场景中，快递员的基本信息包含快递员的标识、人口统计学属性、社会属性、心理属性、健康属性等。

快递员在众智网络中的标识需带有遗传特征，因此快递员的标识由遗传学信息特征映射而来，如眼睛的虹膜特征、指纹、血型、肤色等。快递员的人口统计学属性同 6.1.2 节中智能政务众智网络中自然人的人口统计学属性。快递员的社会属性同 6.1.2 节中智能政务众智网络中自然人的社会属性。快递员的心理属性应至少包括性格、偏好、情感倾向等。快递员的健康属性是员工的一些基本体检属性，包括身高、体重、肺活量、血压、视力等。

（2）"我的供给"，即对快递员在电子商务物流场景下的供给信息的描述。

在电子商务物流场景中，快递员的供给主要是快递员的送货速度和责任心、快递员与消费者沟通的能力等。

（3）"我的需求"，即对快递员在电子商务物流场景下的需求信息的描述。

在电子商务物流场景中，快递员的需求主要是对消费者地址信息的获取需求、对消费者联系方式信息的获取需求等。

（4）"我的交互圈"，即对快递员在电子商务物流场景下的互动空间信息的描述。

在电子商务物流场景中，快递员的交互圈包括血缘亲友圈、朋友圈、消费者交流圈、物流站客服交流圈等。

4）生产企业智能数体

对生产企业智能数体的建模从"我是谁""我的供给""我的需求""我的交互圈"四个维度展开。

（1）"我是谁"，即对生产企业的标识和电子商务购物场景下的基本信息的描述。

在电子商务购物场景中，生产企业的基本信息包含生产企业的标识、基本情况及机构设置等信息。

生产企业在电子商务众智网络中的标识由生产企业的机构统一组织代码映射

而来，其基本情况应至少包含注册号、公司名称、公司地址、成立日期、主要产品、产品信息、控股股东、投资情况、联系方式、员工情况等。董监高信息应至少包括监事会组成、董事会组成及公司高管等。生产企业在电子商务众智网络中的发行相关情况和参控股公司情况同 4.2.3 节中企业智能数体模型的发行相关情况和参控股公司情况。生产企业的产品信息应至少包含产品编号、产品名称、产品类型、销售方式、产品价格等。

（2）"我的供给"，即对生产企业在电子商务购物场景下的供给信息的描述。

在电子商务购物场景中，生产企业的供给主要是在电子商务平台上提供的企业资质、商品资质、销售的商品信息列表、商品售后服务方式等。

（3）"我的需求"，即对生产企业在电子商务购物场景下的需求信息的描述。

在电子商务购物场景中，生产企业的需求主要是对销售企业的信用情况、平台商品上架需求、平台费用需求、平台主流消费者特点等信息的获取需求。

（4）"我的交互圈"，即对生产企业在电子商务购物场景下的互动空间信息的描述。

在电子商务购物场景中，生产企业的交互圈包括办理各类政务的政务圈、采购原材料的商务圈、销售企业的业务圈等。

5）销售企业智能数体

对销售企业智能数体的建模从"我是谁""我的供给""我的需求""我的交互圈"四个维度展开。

（1）"我是谁"，即对销售企业的标识和电子商务购物场景下的基本信息的描述。

在电子商务购物场景中，销售企业的基本信息包含销售企业的标识、基本情况及机构设置等信息。

销售企业在电子商务众智网络中的标识由企业的机构统一组织代码映射而来，其基本情况应至少包含注册号、公司名称、所属地域、成立日期、主要经营范围、销售资质信息、员工人数、联系方式、营收情况等。销售企业在电子商务众智网络中的董监高信息应至少包括监事会组成、董事会组成及公司高管等。销售企业在电子商务众智网络中的发行相关情况和参控股公司情况同 4.2.3 节中企业智能数体模型的发行相关情况和参控股公司情况。销售企业的商品信息应至少包含商品编号、商品名称、商品类型、销售方式、商品价格等。

（2）"我的供给"，即对销售企业在电子商务购物场景下的供给信息的描述。

在电子商务购物场景中，销售企业的供给主要是提供在线商品销售、发货、售后处理等。

（3）"我的需求"，即对销售企业在电子商务购物场景下的需求信息的描述。

在电子商务购物场景中，销售企业的需求主要是通过电子商务平台在线销售自家或第三方生产企业的产品并从中赢利的需求。

（4）"我的交互圈"，即对销售企业在电子商务购物场景下的互动空间信息的描述。

在电子商务购物场景中，销售企业的交互圈包括办理各类政务的政务圈、生产企业业务往来的商务圈、消费者圈、售后服务企业商务圈等。

6）物流企业智能数体

对物流企业智能数体的建模从"我是谁""我的供给""我的需求""我的交互圈"四个维度展开。

（1）"我是谁"，即对物流企业的标识和电子商务购物场景下的基本信息的描述。

在电子商务购物场景中，物流企业的基本信息包含物流企业的标识、基本情况及机构设置等信息。

物流企业在电子商务众智网络中的标识由企业的机构统一组织代码映射而来。物流企业的基本情况应至少包含注册号、公司名称、员工人数、服务范围、运输能力、办公地址、联系方式等。物流企业在电子商务众智网络中的董监高信息应至少包括监事会组成、董事会组成及公司高管等。物流企业在电子商务众智网络中的发行相关情况和参控股公司情况同 4.2.3 节中企业智能数体模型的发行相关情况和参控股公司情况。物流企业的服务信息应至少包含服务名称、服务类型、销售方式、服务价格等。

（2）"我的供给"，即对物流企业在电子商务购物场景下的供给信息的描述。

在电子商务购物场景中，物流企业的供给主要是提供在线商品的货品收发、退换货处理等。

（3）"我的需求"，即对物流企业在电子商务购物场景下的需求信息的描述。

在电子商务购物场景中，物流企业的需求主要是通过商品收发物流服务赢利的需求，获取订单收发地址、收发人员联系方式等信息的需求。

（4）"我的交互圈"，即对物流企业在电子商务购物场景下的互动空间信息的描述。

在电子商务购物场景中，物流企业的交互圈包括办理各类政务的政务圈、销售企业业务往来的商务圈、消费者联络圈、物流分发和代理服务企业商务圈等。

7）电子商务平台智能数体

对电子商务平台智能数体的建模从"我是谁""我的供给""我的需求""我的交互圈"四个维度展开。

（1）"我是谁"，即对电子商务平台的标识和电子商务购物场景下的基本信息的描述。

在电子商务购物场景中，电子商务平台的基本信息包含电子商务平台的标识、基本情况及机构设置等信息。

电子商务平台在电子商务众智网络中的标识由企业的机构统一组织代码映射而

来。电子商务平台的基本情况应至少包含注册号、公司名称、英文名称、所属地域、成立日期、主营业务、公司网址、控制股东、实际控制人、最终控制人、董事长、董事会秘书、法定代表人、总经理、注册资金、员工人数、电话、传真、邮编、办公地址等。电子商务平台在电子商务众智网络中的董监高信息应至少包括监事会组成、董事会组成及公司高管等。电子商务平台在电子商务众智网络中的发行相关情况和参控股公司情况同 4.2.3 节中企业智能数体模型的发行相关情况和参控股公司情况。电子商务平台的服务信息应至少包含服务名称、服务类型、销售方式、服务价格等。

（2）"我的供给"，即对电子商务平台在电子商务购物场景下的供给信息的描述。

在电子商务购物场景中，电子商务平台的供给主要是提供在线商品展示、销售、买卖双方实时沟通工具等技术服务和货款收支、纠纷协调处理等服务。

（3）"我的需求"，即对电子商务平台在电子商务购物场景下的需求信息的描述。

在电子商务购物场景中，电子商务平台的需求主要是通过提供相应的技术平台和服务赢利的需求。

（4）"我的交互圈"，即对电子商务平台在电子商务购物场景下的互动空间信息的描述。

在电子商务购物场景中，电子商务平台的交互圈包括办理各类政务的政务圈、销售企业商务圈、消费者联络圈、物流企业商务圈等。

8）市场监督管理机构智能数体

对市场监督管理机构的建模从"我是谁""我的供给""我的需求""我的交互圈"四个维度展开。

（1）"我是谁"，即对市场监督管理机构的标识和电子商务购物场景下的基本信息的描述。

在电子商务购物场景中，市场监督管理机构的基本信息包含市场监督管理机构的标识、基本情况及机构设置等信息。

市场监督管理机构在电子商务众智网络中的标识由组织的组织机构代码映射而来。市场监督管理机构的基本情况应至少包含注册号、名称、职能、成立日期、负责人、电话、传真、邮编、办公地址等。市场监督管理机构在电子商务众智网络中的机构设置应至少包括机构名称、机构负责人、机构职能等。

（2）"我的供给"，即对市场监督管理机构在电子商务购物场景下的供给信息的描述。

在电子商务购物场景中，市场监督管理机构的供给主要是组织拟定市场工商主体管理的相关政策，协调推进深化市场监督监管体制改革，制定与组织落实电子商务服务行业管理办法并监督实施等。

（3）"我的需求"，即对市场监督管理机构在电子商务购物场景下的需求信息的描述。

在电子商务购物场景中，市场监督管理机构的需求主要是对在线销售商品的企业资质、产品资质、产品质量、服务质量、是否合法纳税等信息的获取需求。

（4）"我的交互圈"，即对市场监督管理机构在电子商务购物场景下的互动空间信息的描述。

在电子商务购物场景中，市场监督管理机构的交互圈包括发生政务关联的政务圈、管理和服务的市场主体商务圈等。

9）智能货柜智能数体

对智能货柜智能数体的建模从"我是谁""我的供给""我的需求""我的交互圈"四个维度展开。

（1）"我是谁"，即对智能货柜的标识和电子商务购物场景下的基本信息的描述。

在电子商务购物场景中，智能货柜的基本信息包含智能货柜的标识、基本信息及功能参数等信息。

智能货柜在电子商务众智网络中的标识由智能货柜的电子认证码映射而来。智能货柜的基本信息应至少包含生产日期、设备连接二维码（如有）、所属单位、功能说明等。智能货柜在电子商务众智网络中的功能参数应至少包含服务能力描述、设备外观参数等。

（2）"我的供给"，即对智能货柜在电子商务购物场景下的供给信息的描述。

在电子商务购物场景中，智能货柜的供给主要是服务消费者、物流企业等各类主体的能力。

（3）"我的需求"，即对智能货柜在电子商务购物场景下的需求信息的描述。

在电子商务购物场景中，智能货柜的需求主要是维持正常运转的能源需求和网络通信需求等。

（4）"我的交互圈"，即对智能货柜在电子商务购物场景下的互动空间信息的描述。

在电子商务购物场景中，智能货柜的交互圈主要指该智能货柜服务的各类主体形成的设备伺服圈和与其他设备协作构成的服务圈等。

2. 电子商务众智网络应用场景

在电子商务众智网络中，各类智能数体不断感知周围环境参数的变化，在自身心智的影响下，根据自己的供给和需求与其他智能数体进行交互协作，最终达成交易。相比传统电子商务场景下各类主体的交互，在电子商务众智网络中，各类智能数体深度互联，其协作更加高效，本节将给出电子商务众智网络中各参与主体的决策和协作案例。

1）阿里巴巴通过 AI 技术提升用户体验

说到智能化，不得不提起阿里巴巴强大的搜索功能，它的核心是一个巨大的推荐引擎，这个推荐引擎就是 AI 的应用，目的是让每一位消费者都能得到个性化与最想要的服务和最想要的商品。

20 世纪 50 年代以来，人们就一直没有停止过对 AI 的研究，但前期进展滞缓，技术备受质疑。自从谷歌的 AlphaGo 在围棋人机大战中击败人类之后，AI 一炮走红，成为如今最火热的研究之一。曾有无数人质疑过实现 AI 的可行性，如今却已无法抗拒它的到来，运用这一技术将电子商务产业智能化已成为电子商务发展的重要趋势。阿里巴巴前首席战略官曾鸣指出："未来商业的决策会越来越多地依赖于机器学习、依赖于人工智能，机器在很多商业决策上将扮演非常重要的角色，它能取得的效果超过今天人工运作带来的效果。"

就拿天猫"双十一"来说，每年的"双十一"都是最疯狂的一天，2009 年至今，天猫"双十一"当天成交的总金额实现了千倍增长，2019 年已达到 2684 亿元。但疯狂的只有消费者和阿里巴巴平台海量的订单自动处理服务器。曾鸣表示："这一整天，顾客该看到什么产品，选了什么产品，下一次顾客上来该给他们推荐什么商品，这些过程完全是机器自动完成的。"电子商务网站建设的搜索引擎和搜索框的设置的功能作用不容忽视，它在很大程度上决定了网站的用户价值。阿里巴巴运用 AI 将平台智能化，很大程度地增强了用户网购的体验感，这种强大的智能化搜索引擎让阿里巴巴在消费者心中的地位盛宠不衰。

2）京东通过智能客服打造全新网购体验

京东早在好几年前就开始研究 AI 系统，近几年也推出了自己的智能客服，甚至更是力争上游，首次提供无人仓和无人机等智能服务。京东数据显示，2020 年 6 月 18 日零点刚过，京东超市十分钟的整体成交额同比增长 500%。从京东在 6 月 18 日对外展示的数据大屏来看，6 月 18 日 14 时，累计下单金额达到 2392 亿元，而 2019 年 6 月 18 日截至 14 时的数据是 1795 亿元。这样估算，京东在 6 月 18 日的同比增长达到了 33%，这也是京东公布大促金额以来，成长速度最快的一次。面对这一盛况，人工客服已无法应对大量的咨询者，为了防止客户流失，京东智能客服（JD instant messaging intelligence，JIMI）机器人应势而出，JIMI 机器人是由北京京东尚科信息技术有限公司研发的一款智能机器人产品。作为京东主站的智能客服，它在接收到用户的沟通需求时，会快速完成整个语言识别、需求分类、互动沟通、购物疏导等多个复杂环节。对比来看，对于同类别问题，人工客服解决问题平均需要耗费 10~15min，而智能客服应答只要十几毫秒，解决问题也只要一两分钟。京东提供的数据显示，6 月 18 日当天，JIMI 机器人总计完成百万次客服任务，咨询满意度突破 80%，降低了大量人工成本，同时满足了消费者。如今，JIMI 机器人已成为京东坚实的后盾。

AI 的出现标志着电子商务众智网络新时代的来临。无论是阿里巴巴还是京东，都一直在致力于研究 AI 这一领域，不断地将产业链众智化。智能搜索引擎、机器人客服的相继出现，再到如今的"小蛮驴"无人配送车、无人仓储、无人机物流等，后期还将会有更多意想不到的惊喜出现。AI 现已成为各大电子商务在市场竞争过程中的重要突破口，在这场浪潮中，若是原地踏步，必将会被时代淘汰。虽然无法预料 AI 究竟会进化到哪一步，但是每个人都知道，电子商务的众智网络化是一条必经之路，能将电子商务与 AI 完美融合在一起的定是这场改革浪潮中的胜者。

　　如前所述，在一个典型的未来电子商务众智网络环境中，包括了图 6-3 所示的众多智能数体，其中自然人有消费者、客服员、快递员等，企业有生产企业、销售企业、物流企业、电子商务平台等，组织机构有各地的市场监督管理机构等，智能物品有智能货柜等。

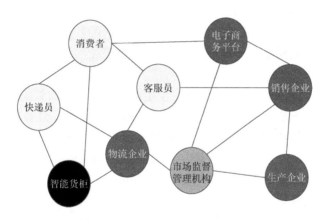

图 6-3　电子商务众智网络示意图

3）多维度智能化众智电商
　　众多智能数体在众智网络环境中通过网络交换数据形成互联，交换的数据包括电子商务档案信息、订单信息、交易信息、客户信息、物流信息、监管信息等。下面对各类信息互联的一些具体典型应用场景的数据交互进行描述。
　　（1）电子商务档案管理的智能化。电子商务档案是电子商务活动过程中各经济主体直接形成的具有保存价值的各种形式的原始记录。随着电子商务时代的来临，众多的电子商务活动将产生包括电子邮件、电子签名、电子合同、支付回执、产品订单、交易记录、产品资料等大量有别于纸质文件的数字文件。同时，企业在信息化管理、生产和科技活动中也会形成越来越多的存储在硬盘、光盘、网络硬盘、移动硬盘等存储介质上的电子文件。面对如此众多的电子商务档案，既需要对其进行收集、归档，使之条理化、系统化、科学化，又要确保电子商务档案的完整性、有效性、真实性与安全性。因此，众智网络中智能化的电子商务档案管理是目前电子商务档案管理的必然趋势。

（2）电子商务订单管理的智能化。随着电子商务交易日益火爆，电子商务订单管理业务剧增，电子商务订单管理的智能化需求日益迫切。与传统商务订单管理业务相比，电子商务订单管理业务更加复杂，它不但包括商品交易的基本信息，还包括与被交易商品相关的物流配送等处理信息，因此，它的智能化需求更高。众智网络环境中，智能化的订单管理能够根据客户的订单内容分析客户的购物偏好，了解客户的购物习惯，根据大量订单的商品信息及时补充商品的库存、预测商品的市场供应趋势、调控商品的营销策略、开发新的与销售商品有关联的产品并开拓新的市场空间。在智能化的物流配送管理方面，智能化的订单管理系统能够根据订单管理过程中的知识表示方法，运用知识和规则为用户安排合理的、有效的、路径最短的、费用最低的物流配送服务，同时还能在电子商务订单知识表示的基础上提出智能化的推理方法。目前，在物流配送管理业务中的主要依据是建立物流配送与成本核算模型，通过智能优化算法配置社会化的物流配送资源，协调用户和供货商的配送关系，选择最优、最短路径，进行高效的配送服务，完成智能化的订单管理过程。

（3）电子商务交易管理的智能化。电子商务交易管理的智能化主要体现为商务智能原理在电子商务交易的相关性、交易的额度分析、交易中的退货管理，以及防止交易欺诈和网络安全中的智能化应用。电子商务交易的相关性是指利用数据挖掘技术在交易的检索阶段，将与该交易相关的商品和服务同时提供给客户，以便增加交易数量。通常可以通过对用户访问日志的挖掘或通过对交易关联页面进行关联规则分析得出电子商务交易的相关性结果。智能化的交易额度分析通过综合运用联机分析处理（online analytical processing，OLAP）、数据挖掘技术为电子商务企业找到优质客户，加强与客户的联系，从而提高客户忠诚度。智能化的退货管理系统能够通过对退货产品进行挖掘和分析，找出商品或服务中存在的缺陷和问题，通过不断改进服务和完善产品来提高企业的竞争能力。众智网络中的智能化交易管理能够通过对商业智能技术的分析和判断及时发现可能存在的欺诈手段和系统的安全漏洞，通过多种途径发现交易中存在的安全威胁，帮助电子商务企业建立完善的防火墙体系，实现电子商务交易环境的安全可靠性。

（4）客户关系管理的智能化。建立良好的客户关系是电子商务企业健康发展中一个不可忽视的环节，在企业从事电子商务的过程中，电子商务系统将提供一种商家与客户进行交流的新方式，这就要求企业管理者以全新的思维来看待客户关系管理。客户关系管理源于以客户为中心的新型商业模式，是企业树立以客户为中心的发展战略的核心部分。在众智网络中，企业通过智能化的客户关系管理系统来加强对客户的服务，提高客户满意度和忠诚度，进而提高企业效率和利润水平。通过客户关系管理系统，企业可以加强与客户的联系，分析客户的需求，研究产品的市场，拓展潜在的利润空间，提高产品的市场竞争能力，弥补企业的管理漏洞，吸引更多的优质客户，进而达到优化、提升企业管理能力，提高企业利润水平的目的。而这一切的实现都依赖于智能化的客户关系管理系统、智能化的客户数据库的开发与应用。

6.3　众智网络在医疗健康领域的应用

6.3.1　传统医疗健康领域的挑战

健康是每个人成长和实现幸福生活的基础。2016 年，习近平总书记在全国卫生与健康大会上指出："没有全民健康，就没有全面小康。"[①]已经酝酿多年的"健康中国"战略，正式写入"十三五"规划，更是体现了中国共产党"发展为了人民、发展成果由人民共享"的共享发展理念。中国特色社会主义进入新时代后，中国共产党第十九次全国代表大会做出了"我国社会主要矛盾已经转化为人民日益增长的美好生活需要和不平衡不充分的发展之间的矛盾"的新论断。

医疗健康产业是支撑国家医疗卫生体系建设的重要基础和促进医疗服务水平提高的重要支撑，是世界各国争夺最激烈、最重要的战略制高点之一。保持和提升我国医疗健康产业的发展水平、促进产业转型升级、促进人民健康水平的提升、力争在全球生命健康科技和产业方面实现赶超与引领等具有重要意义。尤其是2020 年，新冠疫情的突发给我国医疗健康系统带来了极大的挑战，为了减少此类突发性医疗事故带来的损失，建立一种高效、精准的医疗健康系统成为保障人民生命健康、提升人民健康水平的一个重要举措。

当前的医疗健康产业中存在众多亟待解决的问题和挑战。首先，在当前的诊疗系统中，患者对自身健康程度的了解不够，并且在对患者数据的掌握和使用问题上，各类医院、药店、监管机构依靠自身掌握的患者数据各自为战，医疗健康大数据和临床研究数据难以用于改善患者的治疗研究中。其次，当前的医疗付费模式的合理性值得探索，当前的医保制度是否比较合理，是否还有更加合理的医疗或医保模式，伴随着医疗费用持续增长的压力，医疗健康公司需要通过特定的方式降低自己的医疗成本并改善医疗服务质量，如何建立基于临床治疗效果的支付体系和相应的数据基础设施以最大化基于价值的医疗报销途径，这在未来将变得越来越重要，也给医疗监管机构提出了更大的挑战。再次，当前的医疗资源配置是否合理，小到街道，大到城镇，当前的医疗资源如药店分布、医院分布是否合理，也是当前医疗健康领域中的管理机构面临的挑战，实现更加合理的医疗资

---

① http://www.xinhuanet.com/politics/2016-08/26/c_129255920.htm.

源规划和配置有助于提升医疗健康的服务能力和水平。最后，健康和安全保障服务、患者门户网站、健康教育资料是改善患者参与度的关键要素，医疗保健公司如何对医疗健康工具和流程进行合理的规划和投入，以更好地了解目标市场和客户群体的需求，改善患者体验，与如今的高知情医疗健康消费者建立更友好的关系也是未来医疗健康产业的一大难题。

在医疗健康领域中，参与主体的种类多，主体行为复杂多样，主体的交互关系也十分繁多和复杂。参与医疗健康场景的主体包含患者、医护人员等自然人，医院、社区门诊、药店及互联网医院、保险公司等企事业单位，医保管理机构、国家卫生健康委等卫生健康管理组织机构，智能医疗器械、智能健康监测设备等智能物品。同时，随着互联网技术的不断发展，还催生了互联网药店、互联网问诊平台等在线诊疗平台和企业，众多主体之间存在着医疗诊断、疾病诊疗、医疗支付、医疗保险购买与报销、医保政策调整、医疗监管等复杂的行为。众多主体映射到医疗健康众智网络中，借助网络技术可以实现深度互联和广度互联，通过众协作完成供需匹配，实现居民医疗诊疗、医疗救治、居民健康管理、医保产品规划与定价等众智化的交易撮合，减少社会医养服务的资源消耗，提升医疗健康系统的服务水平和智能水平，最终促进人民健康水平的提升。

为了实现医疗健康产业的健康发展，需要建立医疗健康众智网络，最大限度地释放和高效利用医疗健康领域中自然人、企事业单位、组织机构和智能物品的智能，实现医疗健康系统的高效、健康、有序运作；同时使医疗健康系统的运转更加稳定，不发生突发性灾难，对于不可避免的突发性灾难能够采取高效的应对措施；在医疗健康系统中合力提升各类智能主体的智能水平，持续提高医疗健康系统的创新活力，最终服务于人民健康事业。

6.3.2　医疗健康众智网络建模

1. 医疗健康众智网络中的智能数体

在医疗健康众智网络中，参与交互的智能主体有自然人、企事业单位、组织机构和智能物品四类，包括患者、医务人员等自然人，医院、社区门诊、药店及互联网医院、保险公司等企事业单位，医保管理机构、国家卫生健康委等卫生健康管理组织机构，智能医疗器械、智能健康监测设备等智能物品。为了全面、真实、准确地描述众智网络中众多的智能主体，需要为这些主体建立其在众智网络中的智能数体本体模型，下面给出了患者、医务人员、医院、保险公司的智能数体建模示例。

1）患者智能数体

对患者智能数体的建模从"我是谁""我的供给""我的需求""我的交互圈"四个维度展开。

（1）"我是谁"，即对患者的标识和在医疗健康领域的基本信息的描述。

在医疗健康场景中，患者的基本信息包含患者的标识、人口统计学属性、社会属性、心理属性和健康属性。

患者在众智网络中的标识需带有遗传特征，因此患者的标识由遗传学信息特征映射而来，如眼睛的虹膜特征、指纹、血型等。医疗健康众智网络中患者的人口统计学属性同 6.1.2 节中智能政务众智网络中自然人的人口统计学属性。患者的社会属性同 6.1.2 节中智能政务众智网络中自然人的社会属性。患者的心理属性应至少包括性格、就医偏好、就医的情感倾向等。

在医疗健康众智网络中，患者的健康属性是最关键的基本属性，应至少包括身高、体重、血型、肺活量、血压、其他基本体检指标（血脂指标、血常规指标、尿常规指标、肝功能指标、肾功能指标、输血全套指标等）、既往疾病史（重大疾病、既往药物过敏史等）、历史医疗健康体检信息和病例等。

（2）"我的供给"，即对患者在医疗健康领域的供给信息的描述。

在医疗健康场景中，患者的供给主要是患者所患疾病的信息，如患者的病症表现、患者的诊断病例，以及患者对疾病治疗的支付能力等。

（3）"我的需求"，即对患者在医疗健康领域的需求信息的描述。

在医疗健康场景中，患者的需求除了生存必需的饮食、呼吸需求等，主要需求是对自身病症的诊断和治疗、购买医疗保险等。

（4）"我的交互圈"，即对患者在医疗健康领域的互动空间信息的描述。

在医疗健康场景中，患者的交互圈包括朋友圈、病友圈、医患关系圈及医疗保险圈等。

2）医务人员智能数体

对医务人员智能数体的建模从"我是谁""我的供给""我的需求""我的交互圈"四个维度展开。

（1）"我是谁"，即对医务人员的标识和在医疗健康领域的基本信息的描述。

在医疗健康场景中，医务人员的基本信息包含医务人员的标识、人口统计学属性、社会属性、心理属性和健康属性。

医务人员在众智网络中的标识需带有遗传学信息特征，全网通用且唯一，如眼睛的虹膜特征、指纹、血型、肤色等。医务人员的人口统计学属性同 6.1.2 节中智能政务众智网络中自然人的人口统计学属性。医务人员的社会属性同 6.1.2 节中智能政务众智网络中自然人的社会属性。在医疗健康众智网络中，医务人员的工作情况（工作单位、科室、主治疾病等）是最关键的基本属性。医务人员的心理属性应至少包括性格、偏好、情感倾向等。在医疗健康众智网络中，医务人员的健康属性应至少包括身高、体重、血型、肺活量、血压等。

（2）"我的供给"，即对医务人员在医疗健康领域的供给信息的描述。

在医疗健康场景中，医务人员的供给主要是医务人员与患者沟通的能力、诊断疾病的能力、治疗疾病的专业技能等。

（3）"我的需求"，即对医务人员在医疗健康领域的需求信息的描述。

在医疗健康场景中，医务人员的需求除了生存必需的饮食、呼吸等需求，主要需求是对患者病症信息的获取需求、对疾病治疗知识的需求等。

（4）"我的交互圈"，即对医务人员在医疗健康领域的互动空间信息的描述。

在医疗健康场景中，医务人员的交互圈包括病友圈、朋友圈、医患关系圈、医疗学术交流圈等。

3）医院智能数体

对医院智能数体的建模从"我是谁""我的供给""我的需求""我的交互圈"四个维度展开。

（1）"我是谁"，即对医院的标识和在医疗健康领域的基本信息的描述。

在医疗健康场景中，医院的基本信息包括医院的标识、基本情况及机构设置等信息。

医院在医疗健康众智网络中的标识由医院的机构统一组织代码映射而来。在医疗健康场景中，医院的基本情况应至少包含注册号、医院名称、所属地域、成立日期、医院等级（国家对医院服务水平的评价）、医院类型（专科或综合类）、主治疾病、服务能力（床位数、门诊数等）、医院网址、法定代表人、院长、医院员工人数、电话、传真、邮编、办公地址等。医院的机构设置应至少包含机构名称、机构负责人、机构的功能、机构的医生配置情况等。

（2）"我的供给"，即对医院在医疗健康领域的供给信息的描述。

在医疗健康场景中，医院的供给主要是治疗患者、为医生提供诊疗设备、为患者提供救护设备等。

（3）"我的需求"，即对医院在医疗健康领域的需求信息的描述。

在医疗健康场景中，医院的需求主要是对患者的救治需求、医院维持正常运转的经营需求、对医疗药品和设备的采购与维护需求及医院的发展需求等。

（4）"我的交互圈"，即对医院在医疗健康领域的互动空间信息的描述。

在医疗健康场景中，医院的交互圈包括办理各类政务的政务圈、采购药品和设备的医疗商务圈等。

4）保险公司智能数体

对保险公司智能数体的建模从"我是谁""我的供给""我的需求""我的交互圈"四个维度展开。

（1）"我是谁"，即对保险公司的标识和在医疗健康领域的基本信息的描述。

在医疗健康场景中，保险公司的基本信息应包含公司标识、保险公司的详细情况、董监高信息、发行相关情况、参控股公司情况及主营产品信息等。

保险公司在医疗健康众智网络中的标识由公司注册成立时相关机构发放的组织机构代码映射而来。保险公司在医疗健康众智网络中的详细情况依据企业智能数体的本体模型构建，至少应包括注册号、公司名称、联系方式、地域（公司地址）、主营产品（保险）、服务范围、员工、管理层、赢利情况、投资情况等信息。董监高信息应至少包括监事会组成、董事会组成及公司高管等。保险公司在医疗健康众智网络中的发行相关情况和参控股公司情况同 4.2.3 节中企业智能数体模型的发行相关情况和参控股公司情况。

在医疗健康众智网络中，保险公司的主营产品信息是最关键的基本信息，应至少包含产品名称、产品类型、经营范围、服务（保障）对象、赔付规则、赔付金额等。

（2）"我的供给"，即对保险公司在医疗健康领域的供给信息的描述。

在医疗健康场景中，保险公司的供给主要是核对医疗费用、提供保险赔付等。

（3）"我的需求"，即对保险公司在医疗健康领域的需求信息的描述。

在医疗健康场景中，保险公司的需求主要是开发医疗保险产品并从中赢利的需求。

（4）"我的交互圈"，即对保险公司在医疗健康领域的互动空间信息的描述。

在医疗健康场景中，保险公司的交互圈包括办理各类政务的政务圈、由通过保险业务关联起来的提供服务的医患圈、保险产品经营和支付的商务圈等。

2. 医疗健康众智网络应用场景

在万物互联的医疗健康众智网络中（图 1-1），多方智能数体均能不断感知周围环境和其他智能数体的变化，通过供需匹配进行协作，完成医疗健康场景下的各类任务，使疾病诊断、医疗救治、就医支付、保险报销等一系列环节更加智能化。相比传统医疗健康领域下各类智能主体的交互，在医疗健康众智网络中，各类智能数体深度互联，打破了医疗诊疗、医疗救治、医疗支付、医保报销、医疗资源配置等多个场景下各类机构的数据孤岛问题，在保证智能数体隐私安全的情况下，各类智能数体的信息在全网实现可信、透明流通，协作更加高效。

各类智能数体的数据是去中心化、分布式存储的。以患者智能数体为例，患者的身份数据存储并备案于公安部门的数据库，参保信息存储于保险公司与人力资源和社会保障局等管理机构，健康信息存储于医院的数据库和自身的众智网络节点服务器，心理倾向存储于自身的众智网络节点服务器，工作及收入等情况存储于就职企业与人力资源和社会保障局。众智网络利用区块链等技术提供安全、可信的信息存储和检索方式，保证智能数体各类信息的快速查找和检索。

在医疗健康领域的各类场景中，通过医疗健康众智网络，能够实现各参与数体的深度互联，提升协作效率，保证医疗健康系统的高效、健康、有序、稳定运作，对于不可避免的突发医疗事故能够采取高效的应对措施。

1）患者就医

传统的医疗健康系统中，各类参与对象的交互是点对点的，因存在信息不透明、信息传播的可信度降低等问题，各类对象的协作效率不高，如就医时，患者通常会选择自己常去的医院或者最信任的亲友推荐的医院，对朋友的朋友推荐的医院或者网上搜索到的医院的信任程度较低，通常不会选择，存在就医地点选择不合理，甚至浪费医疗资源和延误自身病情的可能。

在未来的医疗健康众智网络中，各类医院都与患者自身存在深度互联的关系，形成了医疗健康互动空间（交互圈），如图 6-4 所示，为一个患者"我"的医疗健康众智网络环形链网示例，呈现出其医疗场景的一个交互圈，交互圈中不仅包含患者自身熟悉的医院，还包含患有此类疾病的病友、病友的就医医院、医生、医疗救治设备等智能数体，众智网络通过可信技术解决了信息可信性和透明性的问题，解决了各医疗参与机构间的数据孤岛问题，突破了当前由社交关系建立的局部医疗救治选择的鸿沟，患者对各类医院的了解程度加深。涉及就医场景时，患者的门户仅展示医疗相关的信息，此时，患者的门户应包含患者的姓名、年龄、性别、基本体检指标、婚育情况、就医历史行为、就医偏好等。患者出现身体不适时，监测患者身体健康状况的智能监测设备，如智能健康监测仪器等，将患者异常的健康数据映射至患者智能数体，患者智能数体将根据自身的就医习惯、就医偏好（如对医院水平、医生水平的选择，对诊疗价格的选择等）及历史就医行为记录产生去医院或者诊所救治的需求，需求将会公布在患者的医疗健康领域的互动空间（即交互圈）中，就医需求在医疗健康领域的互动空间中首先与各个智能数体的供给进行模糊匹配，这个过程中涉及医生提供诊治供给、医院提供住院供给、保险公司提供支付供给等，将满足需求的智能数体作为交易候选智能数体集合返回给患者智能数体，其次患者授权与自身健康相关的数据及就医偏好等数据进行精准匹配，这些数据可能包括历史体检数据、历史就医数据、当前身体健康情况、就医倾向（住院还是门诊）、期望就医时间、有无医疗保险等。根据这些信息，交易候选智能数体集合中的各类智能数体能够进行更加精准的匹配，并返回匹配结果，在此过程中，医生、患者、医院、医保公司进行交互协作，最终形成几个合理的推荐就医结果供智能数体进行决策，以选择合适的医院就医。

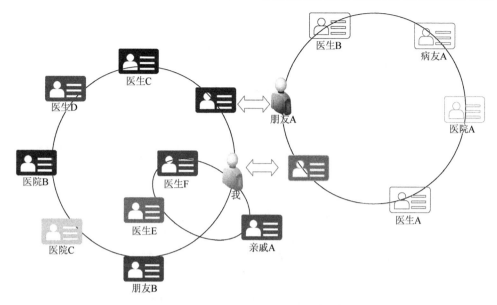

图 6-4　医疗健康众智网络中环形链网示例

　　在此过程中，突破了传统就医问题中可选择的医院少（仅选择自己曾经看过病或者了解的医院）、患者对自身了解程度低等就医局限，通过在全网中搜索就医诊治的医院、诊所等，能够为患者提供更加合理的就医选择，避免造成病情延误，提升治疗效果。此外，充分考虑了患者的心智在此就医选择过程中的影响，契合患者的心理倾向，尽可能达到患者诊疗的心理预期，提升患者就医的满意度。通过医疗健康众智网络，患者和医生、医院等救治主体的相互了解程度加深，不仅能对患者的健康水平进行实时监测，而且能为患者提供更加合理的就医和治疗选择，提升救治效果。

　　2）医保购买

　　当前患者在购买保险时，一般通过保险公司的宣传和朋友间的信息交流进行购买，因为对各类保险产品不了解，有时难以购买到符合心理预期的保险。

　　在未来的医疗健康众智网络中，当涉及购买医保的场景时，医护人员和患者的门户将展示与购买医保相关的信息，此时，医护人员和患者的门户展示了各自的姓名、年龄、性别、基本体检指标、婚育情况、就医历史行为、收入水平、职业等，保险公司的门户应展示公司名称、公司保险产品、公司信誉等，各类保险公司的各类产品都将是透明的。当患者或者医护人员等智能主体产生购买医保的需求时，其对应的智能数体将自动结合患者或医护人员的购买倾向（谨慎消费型、冲动消费型、性价比优先型、价格优先型等）、收入水平和健康水平产生购买保险的需求，并公布至自身所在的医疗健康互动空间中，各类商业保险公司的智能数体感知到需求后，将自身供给与需求进行模糊匹配，多个智能数体的匹配结果将反馈至提出需求的智能数体。同时，这些智能数体将成为保险交易的候选对象，智能数体收到模糊供给信息的匹配结果的反馈后，将进一步授权其他信息与候选智能数体进行更加精准的匹配，直至反馈回合适的匹配结果，完成保险交易。

在此过程中，医护人员和患者在全网中匹配合适的保险产品，不仅能够节省成本、选择更加合理的保险产品，还能促进保险公司改进业务，促进保险行业的良性竞争和发展。

3）医保政策制定与调整

当前，国家医疗保障局在进行保险规划时，通常会根据往年的医保数据和本年度的参保预期制定医保措施和实施方案，这种医保报销政策往往忽略了个体和地区的差异，由于数据孤岛或者信息不全面等限制，社会福利难以最大化。

在未来的医疗健康众智网络中，当涉及医保政策制定的场景时，国家医疗保障局智能数体将能够获取全民智能数体门户中的历史就医数据、收入水平、地域、户籍关系及实际医疗状况，同时还能获取各级医疗诊治服务企业智能数体的实际服务能力、服务水平、服务范围等信息，国家医疗保障局智能数体将根据不同智能数体的实际情况，制定个性化的医保政策，以提升医保覆盖范围，实现社会福利的最大化。

在医疗健康众智网络中，智能数体的深度互联有助于国家医疗保障局协调、推进、深化医药卫生体制改革，制定并组织落实疾病预防控制规划、国家免疫规划，以及严重危害人民健康的公共卫生问题的干预措施。

4）医疗资源布局

当前，区域医疗资源配置不合理仍旧是医疗健康系统面临的一大挑战，例如，存在同一街道多家医院、多家诊所聚集的情况，造成医疗资源的浪费；部分偏远地区缺乏医疗诊治机构，难以应对突发医疗状况。

在未来的医疗健康众智网络中，各类医疗诊治机构在医疗场景门户中将展示自身的服务能力、服务水平、服务范围，以及实时服务状态的变更。其他智能数体在获知这些信息后，将会衡量自身服务供给与当前需求的匹配状态，获知自身在此进行医疗诊治是否能够获利，从而减少医疗资源扎堆聚集造成的医疗资源浪费，同时，卫生健康局智能数体也能更好地了解医疗资源的布局，进行合理的政策引导。面对偏远地区医疗资源不足的问题，同样可以引导有服务能力的智能数体在偏远地区开展服务，如互联网药店或者互联网医院等。

在医疗健康众智网络中，国家卫生健康委等卫生监管机构通过感知全网的医疗需求和医疗资源分布，并结合患者的就医大数据和临床数据进行分析和规划，优化医疗救治机构的选址、布局等。当面对突发医疗灾害事故时，区域内的不同医疗诊疗智能数体将通过交互沟通达成协作，合理有序地分配救治区域，进行协作救治。一旦发生疫情等突发医疗事故，各类医疗救治智能数体将感知此救治的医疗需求，医院、诊所、保险公司等企事业单位智能数体，国家卫生健康委等机构智能数体，以及医护人员等自然人智能数体将通过协作，及时响应突发需求，并规划应对方案反馈给相关部门，指导其制定应急救援方案。

6.4　众智网络在智慧教育领域的应用

6.4.1　传统教育领域的挑战

　　教育是每个人获取知识和走向未来的基础，也是国之大计，关系到国家的发展。中国共产党第十八次全国代表大会以来，以习近平同志为核心的党中央高度重视教育工作，把教育摆在优先发展的战略地位。当前，中国教育事业进入新的发展阶段，面临着新要求、新任务、新挑战，教育在国家经济社会发展中的战略地位更加凸显，成为社会大众的关注焦点。

　　教育是支撑国家人才培养、影响国家长治久安的重要问题，习近平总书记强调，教育是功在当代、利在千秋的德政工程，对提高人民综合素质、促进人的全面发展、增强中华民族创新创造活力、实现中华民族伟大复兴具有决定性意义①。特别是 2020 年的新冠疫情为全球的教育形式带来了极大的冲击与改变，为了更好地整合教育资源、实现更灵活的教育，建立一种教育众智网络尤为重要。

　　当前教育中存在众多亟待解决的问题和挑战。第一，当前教育产生的大量数据并没有被合理地存储与分析，其背后蕴含的丰富教育信息与规律未被挖掘，教育大数据及学生数据难以应用到教育改革中。第二，当前的各种教育资源非常丰富，但因为各地的基础设施、设备等条件不同，软、硬件资源的结合使用率低，城乡教育存在严重的数据鸿沟，如何更好地进行资源规划与配置来实现教育公平是当前教育中面临的重要问题。第三，当前教育产业的把控和监督机制尚未完善，教育从业人员水平不一，教育资源质量参差不齐，教育资源供给匮乏，海量的资源会使学习者产生学习迷航等问题，如何把控教育资源的质量、筛选合适的教育资源，是提高教育效果的重要问题。第四，当前教育面对更多的学习者，学习者的背景知识、经验等是教育必须考虑的关键问题，教育系统如何更合理地获取学

---

① http://www.gov.cn/xinwen/2018-09/10/content_5320835.htm.

习者的相关信息、更好地满足学习者的教育需求、实现个性化教育、提高学习者的学习效果是未来教育产业的一大难题。第五，当前社会发展迅速，知识更新换代较快，而学校的培养体系更新较慢，培养目标可能无法快速适应社会需求，如何将社会需求与学校培养目标进行对接、将教育信息化融入教学、提高学生适应社会的能力也是教育需要考虑的关键问题。

在教育领域中，参与主体的种类多，主体行为复杂多样，主体的交互关系也更加繁杂。教育领域中的主体包含学生、教师等自然人，学校、培训机构等企事业单位，教育主管部门等教育组织机构，还包括智能学习设备、智能教具等智能物品。同时，互联网技术的不断发展，还催生了网络课程、在线学习平台等在线教育形式，众多主体之间存在着课程建设、学习诊断、师生互动、课程购买、资源推荐、教育政策调整、平台监管等复杂的行为。众多主体映射到教育众智网络中，借助网络技术可以实现深度互联和广度互联，通过众协作完成供需匹配，实现学习者的知识诊断、个性化推荐、学习计划管理、学习资源建设与组织等众智化的交易撮合，减少建设与组织学习资源的消耗，提升教育系统的服务水平和智能水平，最终促进学习者学习效果的提升。

因此，为了实现教育产业的高效发展，需要建立教育众智网络，最大限度地释放和高效利用教育领域中自然人、企业、组织机构和智能物品的智能，实现教育系统的高效、健康、有序运作；同时，确保教育系统的运转更加稳定，灵活应对突发性灾难，对不可避免的突发性灾难能够采取高效的应对措施；在教育系统中合力提升各类智能主体的智能水平，持续提高教育系统的创新活力，最终服务于国家教育事业。

6.4.2　教育众智网络建模

1. 教育众智网络中的智能数体

在教育领域中，参与交互的智能主体主要有自然人、企业、组织机构和智能物品四类，包含学生、教师等自然人，学校、培训机构等企事业单位，教育主管部门等教育组织机构，还包括智能学习设备、学习平台等智能物品。为了全面、真实、准确地描述众智网络中众多的参与主体，需要为这些智能主体建立其在众智网络中的智能数体本体模型，下面给出了学生、教师、学校、培训机构、教育主管部门、智能学习设备、学习平台的建模示例。

1）学生智能数体

对学生智能数体的建模从"我是谁""我的供给""我的需求""我的交互圈"四个维度展开。

（1）"我是谁"，即对学生的标识和教育领域中的基本信息的描述。

在教育场景中，学生的基本信息包含学生的标识、人口统计学属性、社会属性、心理属性和学习属性等。

学生的标识由遗传学信息特征映射而来，如眼睛的虹膜特征、指纹等。学生的人口统计学属性同 6.1.2 节中智能政务众智网络中自然人的人口统计学属性。学生的社会属性同 6.1.2 节中智能政务众智网络中自然人的社会属性。学生的心理属性应至少包括性格、学习的行为偏好、教育过程中的情感倾向等。在教育众智网络中，学生的学习属性是最关键的基本属性，应至少包括学校、专业、年级、学习形式、学制、爱好、特长、学习偏好等。

（2）"我的供给"，即对学生在教育领域中的供给信息的描述。

在教育场景中，学生的供给主要是学生的过往学习经历，包括先前的知识水平、所学课程等。

（3）"我的需求"，即对学生在教育领域中的需求信息的描述。

在教育场景中，学生的需求包括对自身知识水平和学习习惯的评价、选择合适的学习资源、获取课程所需的资料等。

（4）"我的交互圈"，即对学生在教育领域中的互动空间信息的描述。

在教育场景中，学生的交互圈包括同学圈、朋友圈、师生圈、课程圈及学习交流圈等。

2）教师智能数体

对教师智能数体的建模从"我是谁""我的供给""我的需求""我的交互圈"四个维度展开。

（1）"我是谁"，即对教师的标识和教育领域中的基本信息的描述。

在教育场景中，教师的基本信息包含教师的标识、人口统计学属性、社会属性、心理属性和教学属性。

教师的标识由遗传学信息特征映射而来。教师的人口统计学属性同 6.1.2 节中智能政务众智网络中自然人的人口统计学属性。教师的社会属性应至少包括联系方式（手机、固定电话、邮箱、微信号等）、收入情况、家庭状况（婚姻状况、生育状况、父母状况等）、教育背景（受教育程度、毕业学校、毕业专业、入学时间、学制等）。在教育众智网络中，教师的工作背景（工作单位、专业、主讲课程等）是最关键的基本属性。教师的心理属性应至少包括性格、教学偏好、情感倾向等。在教育众智网络中，教师的教学属性应至少包括教学年份、教学经历、教学风格、教学研究项目和教学成果等。

（2）"我的供给"，即对教师在教育领域中的供给信息的描述。

在教育场景中，教师的供给主要是教师教课的风格、教课能力、与学生沟通的能力、专业技能等。

（3）"我的需求"，即对教师在教育领域中的需求信息的描述。

在教育场景中，教师的需求除了基本的教学设备需求，主要需求是对学生学习情况信息的获取需求、对教学资源的需求等。

（4）"我的交互圈"，即对教师在教育领域中的互动空间信息的描述。

在教育场景中，教师的交互圈包括教师同事圈、朋友圈、师生圈、教学交流圈等。

3）学校智能数体

对学校智能数体的建模从"我是谁""我的供给""我的需求""我的交互圈"四个维度展开。

（1）"我是谁"，即对学校的标识和教育领域中的基本信息的描述。

在教育场景中，学校的基本信息包括标识、基本情况及机构设置等信息。

学校在教育众智网络中的标识由学校的机构统一组织代码映射而来。学校的基本情况应至少包含注册号、学校名称、所属地域、成立日期、学校类型（理工类、财经类或综合类等）、学校层次（本科、专科、研究生、高职等）、学校评价、学校类别（公办、民办）、主管部门、学校网址、法定代表人、校长、教职工人数、电话、传真、邮编、办公地址等。学校的机构设置应至少包含机构名称、机构负责人、机构功能等。

（2）"我的供给"，即对学校在教育领域中的供给信息的描述。

在教育场景中，学校的供给主要是培养学生、为教师提供教学设备与环境、为学生提供学习设备与环境等。

（3）"我的需求"，即对学校在教育领域中的需求信息的描述。

在教育场景中，学校的需求主要是对学生的培养需求、学校维持正常运转的经营需求、对教学相关设备的采购和维护需求，以及学校的发展需求等。

（4）"我的交互圈"，即对学校在教育领域中的互动空间信息的描述。

在教育场景中，学校的交互圈包括办理各类政务的政务圈、采购教材和设备的学校商务圈等。

4）培训机构智能数体

对培训机构智能数体的建模从"我是谁""我的供给""我的需求""我的交互圈"四个维度展开。

（1）"我是谁"，即对培训机构的标识和教育领域中的基本信息的描述。

在教育场景中，培训机构的基本信息包括标识、机构详细信息、董监高信息、发行相关情况、参控股公司情况及主营业务信息等。

培训机构在教育众智网络中的标识由机构注册成立时相关机构注册的组织机构代码映射而来。培训机构在教育众智网络中的机构详细信息应该至少包括注册号、公司名称、所属地域、成立日期、主要课程、公司网址、法人代表、总经理、注册资金、员工人数、电话、邮编、办公地址等。培训机构在教育众智网络中的董监高信息应至少包括监事会组成、董事会组成及公司高管等。培训机构在教育众智网络中的发行相关情况和参控股公司情况同 4.2.3 节中企业智能数体模型的发行相关情况和企业参控股公司情况。在教育众智网络中，培训机构的主营业务信息是最关键的基本信息，应至少包含课程名称、课程类型、师资情况、服务对象等。

（2）"我的供给"，即对培训机构在教育领域中的供给信息的描述。

在教育场景中，培训机构的供给主要是提供校外培训等。

（3）"我的需求"，即对培训机构在教育领域中的需求信息的描述。

在教育场景中，培训机构的需求主要是开发教育课程并从中赢利的需求。

（4）"我的交互圈"，即对培训机构在教育领域中的互动空间信息的描述。

在教育场景中，培训机构的交互圈包括办理各类政务的政务圈、师生圈、课程经营和支付的商务圈等。

5）教育主管部门智能数体

对教育主管部门智能数体的建模从"我是谁""我的供给""我的需求""我的交互圈"四个维度展开。

（1）"我是谁"，即对教育主管部门的标识和教育领域中的基本信息的描述。

在教育场景中，教育主管部门的基本信息包括标识、基本情况及机构设置等信息。

教育主管部门在教育众智网络中的标识由教育主管部门的机构统一组织代码映射而来。教育主管部门的基本情况应至少包含主管部门名称、类型、成立日期、网址、负责人、电话、传真、邮编、办公地址等。教育主管部门的机构设置应至少包含机构名称、机构负责人、机构功能、电话、传真等。

（2）"我的供给"，即对教育主管部门在教育领域中的供给信息的描述。

在教育场景中，教育主管部门的供给主要是组织拟订教育改革与发展的方针、政策和规划，协调推进、深化教育体制改革，负责各级各类教育的统筹规划和协调管理，制定并组织落实教育信息化规划，以及制定教育机构、教育服务行业管理办法并监督实施等。

（3）"我的需求"，即对教育主管部门在教育领域中的需求信息的描述。

在教育场景中，教育主管部门的需求主要包括全民教育水平信息、针对现有教育资源建设的反馈信息、现有教育服务机构的服务能力和服务水平信息等，教育主管部门需要获取上述信息进行分析，以提升自身的服务水平。

（4）"我的交互圈"，即对教育主管部门在教育领域中的互动空间信息的描述。

在教育场景中，教育主管部门的交互圈包括发生政务关联的政务圈、管理和服务的教育机构圈等。

6）智能学习设备智能数体

对智能学习设备智能数体的建模从"我是谁""我的供给""我的需求""我的交互圈"四个维度展开。

（1）"我是谁"，即对智能学习设备的标识和教育领域中的基本信息的描述。

在教育场景中，智能学习设备的主要信息包括标识、基本信息、参数等。

智能学习设备的标识由智能学习设备的电子认证码映射而来。智能学习设备的基本信息应至少包括生产日期、生产厂家、设备连接二维码、所属单位、基本功能、接口信息等。智能学习设备的参数应至少包括硬件参数、软件参数、软件版本、电池信息、续航时间、外观尺寸等。

（2）"我的供给"，即对智能学习设备在教育领域中的供给信息的描述。

在教育场景中，智能学习设备的供给主要是服务学生、教师、教育机构等各类主体的能力。

（3）"我的需求"，即对智能学习设备在教育领域中的需求信息的描述。

在教育场景中，智能学习设备的需求主要是维持正常运转的能源需求等。

（4）"我的交互圈"，即对智能学习设备在教育领域中的互动空间信息的描述。

在教育场景中，智能学习设备的交互圈主要指该设备服务的各类主体形成的设备伺服圈和与其他设备协作构成的服务圈等。

7）学习平台智能数体

对学习平台智能数体的建模从"我是谁""我的供给""我的需求""我的交互圈"四个维度展开。

（1）"我是谁"，即对学习平台的标识和教育领域中的主要信息的描述。

在教育场景中，学习平台的主要信息包括标识、基本情况、相关参数等。

学习平台的标识由学习平台的组织机构代码映射而来。学习平台的基本情况应至少包括注册号、公司名称、英文名称、所属地域、成立日期、平台网址、主要课程、面向对象、电话、传真、邮编等。学习平台的相关参数应至少包括课程情况、师资情况、课程数量、资源类型、平台功能、精品课数量、学习方式、平台介绍、评价等。

（2）"我的供给"，即对学习平台在教育领域中的供给信息的描述。

在教育场景中，学习平台的供给主要是提供在线学习资源等。

（3）"我的需求"，即对学习平台在教育领域中的需求信息的描述。

在教育场景中，学习平台的需求主要是开发教育课程并从中赢利的需求。

（4）"我的交互圈"，即对学习平台在教育领域中的互动空间信息的描述。

在教育场景中，学习平台的交互圈包括师生圈、课程经营和支付的商务圈、学习交流圈等。

2. 教育众智网络中的应用场景

在万物互联的教育众智网络（图 6-5）中，各类智能数体是深度互联的，不断感知周围环境的变化，在自身心智的影响下，根据自身的供给和需求与其他智能数体进行交互协作，最终达成交易。

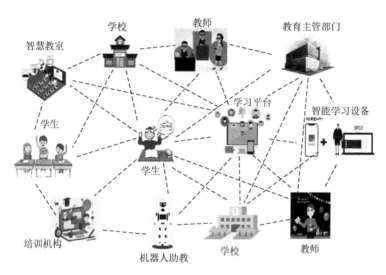

图 6-5　教育众智网络示意图

在传统教育系统中，各类参与对象的交互是点对点的，因存在信息不透明、信息传播的可信度降低等问题，各类对象的协作效率不高，如选择学生资源时，通常会选择大平台中排序靠前或多人推荐的资源，对一般平台搜索到的资源或者不了解的资源的信任程度较低，通常不会选择。

相比传统教育场景下各类主体的交互，教育众智网络中的各类智能数体深度互联，其协作更加高效。在教育众智网络中，各类平台、学校都与学生存在深度互联关系，形成了教育互动空间（交互圈），交互圈中不仅包含学生，还可能包含与学生偏好相同的学友、学友学习的平台、教师等智能数体，突破了当前教育系统的数据交互孤岛现象，学生对各类资源与平台的了解程度加深，能够选择更加合理的学习资源进行学习。

1）学生学习

当前的学生学习往往根据搜索引擎的排序推荐或者其他人的推荐来选择学习资源，但每个人的背景知识与学习习惯不同，学习目标也有所不同，仅依靠这些单一指标无法在海量的学习资源中选择真正适合的资源，容易浪费时间且可能无法提高学习效果。

在未来的教育众智网络中，当学生进行学习资源的选择时，学生的门户会展示学生的教育信息，包括学生的姓名、年龄、性别、教育背景、性格、学习风格等。在选定学习目标后，根据选择的课程，学生智能数体将根据自身的学习习惯、学习偏好（如教师风格、课程风格、预期价格等）及过往学习经历形成学习需求，并发布在学生教育场景的互动空间中，此互动空间中的教师、学校、在线平台等感知到学生的学习需求后，将根据自身供给和学生的需求信息进行匹配，并将匹配结果返回至学生智能主体，学生智能主体将自主选择学习资源或教师并进行学习。在这个过程中，打破了教育系统的孤岛现象，突破了学生信息搜索能力不足的局限，通过全局搜索资源、教师等，匹配学生自身的特点，满足不同学习背景、目标学生的学习需求，避免因学习迷航带来的时间与资源浪费，提高学生的学习效果，并且充分考虑了学生的个人特点及心智在学习资源选择过程中的影响，契合学生的心理倾向，尽可能达到学生学习的心理预期，提高学生的学习满意度。

2）教师教学

当前的教师教学往往根据自身前期教学经验或学校给定的教学目标进行设计，存在主观性较强的问题，无法与学生的过往学习经历准确匹配，甚至可能造成教学资源浪费、学生听课效率低等问题。

在未来的教育众智网络中，当涉及教师教学场景时，教师的门户会展示与教师教学相关的信息，此时，教师的门户应包含教师的姓名、年龄、性别、基本教学情况、教学经历、教学偏好等。当教师产生教学设计需求时，教师智能数体将根据教师教学的相关要求（教学班级、教学人数）产生教学信息征集，此征集信息将会公布在教师教育场景的互动空间（即交互圈）中，此互动空间中的其他教师、学生、学校感知到教师教学信息后，将根据自身供给和教师的教学信息进行匹配，匹配结果信息将返回给教师智能主体，包括学生前期的课程基础、学习偏好、学校可提供的帮助、其他教师的意见等信息，教师智能主体将根据收集到的信息设计教学。在此过程中，突破了传统教育问题中教育各要素不关联的局限，通过在全网中搜索学生信息、资源等，能够为教师的教学设计提供更全面的信息，从而设计更加合理的教学计划，提升教学效果。此外，充分考虑了教师与学生的心智在教学过程中的影响，契合教师与学生的心理倾向，尽可能达到教师教学与学生学习的心理预期，提升教师与学生的满意度。

3）学习路径智能引导

在传统的教育场景下，学生通常会通过网络检索相关课程，但是用这种方式获取信息的可信性值得考量。此外，学生还会询问朋友、老师，获知他们推荐的机构或者资源，但是对于他们的推荐不一定采纳，因为会存在信任度及情感倾向等方面的影响，无论是哪一种方式，都难以获知资源内容的具体质量、教师的教学风格及侧重点和详细评价等信息。而且传统的口口相传类的方式会存在信息扩散过程中信任度损失和降低的问题，也会影响对平台、资源及教师的选择。

在教育众智网络中，上述问题都会得以解决。当智能数体的学习需求产生时，智能数体的学习需求会发送到智能数体教育场景的互动空间中，图 6-5 中的所有智能数体都存在于学生智能数体的互动空间中。众智网络通过可信技术解决了信息可信性和透明性的问题，深度互联使智能数体能够更加了解平台、教师和资源。学习需求在教育场景的互动空间中与各个智能数体的供给进行模糊匹配，在这个过程中，可以通过教师自荐、学友提供学习材料、平台推荐资源等，将满足需求的智能数体作为交易候选智能数体集合，返回给学生智能数体。此后，学生授权自身与学习相关的数据及学习偏好等数据进行精准匹配，这些数据可能包括过往的学习经历、知识水平、学习偏向、个人特点（外向/内向）、预期的价格与时间等。根据这些信息，候选智能数体集合中的各类智能数体进行更加精准的匹配，并返回匹配结果，在此过程中，教师、平台、学生进行交互协作，最终形成几个合理的推荐学习结果供智能数体进行决策，选择合适的资源进行学习。由此可见，智慧教育众智网络可以基于教学与学习大数据挖掘学生的个性化学习及行为信息，构建个性化学习和培养模式，实现个性化学习的路径推荐与学习的过程的智慧导航。

6.5　众智网络在智慧农业领域的应用

6.5.1　现代农业领域的挑战

传统农业是在自然经济条件下，采用以人力、畜力、手工工具、铁器等为主的手工劳动方式，靠世代积累下来的传统经验发展，以自给自足的自然经济为主导地位，采用历史上沿袭下来的耕作方法和农业技术的农业。传统农业具有低能耗、低污染等特征，在当今时代依然发挥重要作用。然而，随着人口激增、土地短缺、生产力水平的发展，传统农业已逐渐不适应生产力的迅速发展，从而进入注重市场分析、产品质量、营销手段的现代农业经营方式。而现代农业是在现代工业和现代科学技术的基础上发展起来的，是萌发于资本主义工业化时期，而在第二次世界大战以后才形成的发达农业。其主要特征是广泛地运用现代科学技术，由顺应自然变为自觉地利用自然和改造自然，由凭借传统经验变为依靠科学，成为科学化的农业，是建立在植物学、动物学、化学、物理学等科学高度发展的基础上的现代化农业；把工业部门生产的大量物质和能量投入农业生产中，以换取大量农产品，成为工业化的农业；农业生产走上了区域化、专业化的道路，由自然经济变为高度发达的商品经济，成为商品化、社会化的农业。

农业农村现代化是国家现代化的重要组成部分。"十三五"以来，党中央、国务院不断加大强农惠农富农政策力度，带领广大农民群众凝心聚力、奋发进取，农业农村现代化建设取得了巨大成绩。"十四五"时期，我国现代农业转型升级迸发新机遇：人均可支配收入的逐年提升，提升了社会消费能力，为高端农产品的消费带来机遇。"三品一标"农产品是政府主导的高端农产品公共品牌，总量逐年递增，随着消费升级的推进，其需求机遇凸显。预计"十四五"时期，国家将在产业增效、产品提质、生态改善、制度创新等方面切实发力。

虽然在国家政策的支持下及持续不断的建设中，我国正从传统农业转型为现代农业，但我国在现代农业领域仍然面临诸多挑战。

（1）现代农业转型困难。面向未来万物互联的众智型经济社会，所有行业都正在被"润物细无声"地渗入和重构，能不能把握好时代的机遇，实现企业的转型升级，已经成为所有传统企业必须面对的问题。目前，大部分传统企业包括农业产业处在两种状态：一种是有向往、找思路，具体表现为无法确定转型的方向，目标不清而无处着手，或者有多种转型可能性而无法达成内部共识；另一种是有思路、难落地，具体表现为企业内部对转型信心不足，缺乏合适的资源配置和相匹配的组织机制，导致转型进展缓慢。

（2）农业产业生态的协同运作难。目前，农业产业生态的协同运作困难，无法展示个性化、主动式消费，集中化、直接式流通，智能化、分散式生产的未来自组织、生态化的农业产业形态。

（3）农业产业生态运行状况的监测、预测难。无法有效提炼农业产业生态运行的相关信息，基于农业产业生态内部各要素间的动态因果关系与反馈作用的量化结果，监测、预测农业产业生态运行中的各个指数，实现对农业产业生态运行的深度监测，洞悉农业产业生态运行的发展态势。

（4）缺乏创新型的农业企业管理思想和管理模式。在互联网时代，面对未来的众智型产业生态体系，现代企业管理理论体系都将被颠覆。世界各国的相关研究机构和企业均在积极研究探索适应未来网络化众智型经济的企业管理思想与方法。而探索个性化、去中心化、开放式、小型化、契约化、生态化的农业企业管理思想和管理模式是支持农业企业有效运作和创新型发展的基础。

农业是全面建成小康社会和实现现代化的基础，必须加快转变农业发展方式，着力构建现代农业产业体系、生产体系、经营体系，提高农业的质量效益和竞争力，走产出高效、产品安全、资源节约、环境友好的农业现代化道路。这需要建立现代农业众智网络，最大限度地释放和高效利用农业生态中自然人、企业、组织机构和智能物品的智能，使我国的现代农业形成追求高产、高效、低能耗、绿色安全、生态优化的现代农业发展模式和经营业态，以及农业智慧生产、集约管理、专业流通与 O2O 消费的综合体系。

6.5.2　现代农业众智网络建模

1. 现代农业众智网络中的智能数体

在现代农业众智网络（图 6-6）中，参与交互的智能主体有自然人（消费者等）、企业（农场、农产品加工企业、物流企业、仓储企业等）、组织机构（农业管理服务机构）和智能物品（农产品、智能农机具等）四类，每个智能主体都可以同时存在于多个业务处理系统中，如生产系统、销售系统、仓储系统、物流系统、农机具管理系统等。为了全面、真实、准确地描述众智网络中众多的参与主体，需要为这些主体建立其在众智网络中的智能数体本体模型，下面给出了消费者、农场、智能农机具智能数体的建模示例。

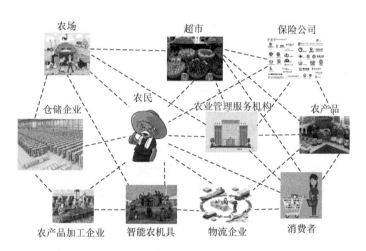

图 6-6　现代农业众智网络示意图

1）消费者智能数体

在现代农业众智网络中，对消费者智能数体的建模从"我是谁""我的供给""我的需求""我的交互圈"四个维度展开。

（1）"我是谁"，即对消费者的标识和现代农业领域中的基本信息描述。

在农业场景中，消费者的基本信息包含消费者的标识、人口统计学属性、社会属性、心理属性等。

消费者在现代农业众智网络中的标识需带有遗传特征，因此消费者的标识由遗传学信息特征映射而来，如眼睛的虹膜特征和指纹。消费者的人口统计学属性同 6.1.2 节中智能政务众智网络中自然人的人口统计学属性。消费者的社会属性同 6.1.2 节中智能政务众智网络中自然人的社会属性。消费者的心理属性应至少包括性格、消费偏好、情感倾向等。

（2）"我的供给"，即对消费者在现代农业领域中的供给信息的描述。

在农业场景中，消费者的供给主要为财富供给。

（3）"我的需求"，即对消费者在现代农业领域中的需求信息的描述。

在农业场景中，消费者的需求主要指农产品需求和服务需求。

（4）"我的交互圈"，即对消费者在现代农业领域中的互动空间信息的描述。

在农业场景中，消费者的互动空间包括亲友圈、企业圈、政务圈、农产品供应圈及物流圈等。

2）农场智能数体

对农场智能数体的建模从"我是谁""我的供给""我的需求""我的交互圈"四个维度展开。

（1）"我是谁"，即对农场的标识和现代农业领域中的基本信息的描述。

在农业场景中，农场智能数体的基本信息包括农场的标识和农场情况。

农场的标识是其成立时相关机构认证的组织机构代码。农场情况应该至少包括注册号、农场名称、英文名称、所属地域、成立日期、产品名称、产品产量、农场网址、占地规模、法人代表、总经理、注册资金、员工人数、电话、传真、邮编、办公地址等。

（2）"我的供给"，即对农场在现代农业领域中的供给信息的描述。

在农业场景中，农场智能数体的供给主要是产品供给。

（3）"我的需求"，即对农场在现代农业领域中的需求信息的描述。

在农业场景中，农场智能数体的需求包括国家政策倾向需求、人才需求、资金需求、管理需求等。

（4）"我的交互圈"，即对农场在现代农业领域中的互动空间信息的描述。

在农业场景中，农场智能数体的互动空间包括农场圈、物流圈、智能农机具圈等。

3）智能农机具智能数体

对智能农机具智能数体的建模从"我是谁""我的供给""我的需求""我的交互圈"四个维度展开。

（1）"我是谁"，即对智能农机具的标识和在现代农业领域中的基本信息的描述。

在农业场景中，智能农机具的标识为智能农机具智能数体在众智网络中的标识，由智能农机具的电子认证码哈希映射而来。基本信息包括生产日期、所属单位、功能、性能参数、外观参数等。

（2）"我的供给"，即对智能农机具在现代农业领域中的供给信息的描述。

在现代农业众智网络中，智能农机具智能数体的供给主要是根据智能农机具的功能和作用提供相应的供给能力。

（3）"我的需求"，即对智能农机具在现代农业领域中的需求信息的描述。

在现代农业众智网络中，智能农机具智能数体的需求主要包括能源需求、技能需求等。

（4）"我的交互圈"，即对智能农机具在现代农业领域中的互动空间信息的描述。

在现代农业众智网络中，智能农机具智能数体的互动空间包括该智能农机具服务的各类主体形成的设备伺服圈和与其他智能农机具协作构成的服务圈等。

2. 现代农业众智网络应用场景

在万物互联的现代农业众智网络中，各类智能数体相互之间的了解不断加深，可以感知周围环境的变化，在心智的驱动下进行供需匹配、达成交易。相比传统农业生产场景下各类智能主体的交互，现代农业众智网络中的各类智能数体深度互联，其协作更加高效。本节将给出几个现代农业众智网络的具体应用场景示例。

1）个性化定制生产

在现代农业众智网络中，可以根据消费者的购买历史、浏览产品、个人信息等分析用户的购买能力和偏好，针对单个客户形成个性化用户画像（用户代理）。农场等生产服务供应商，除了满足用户的订单需求，还可以向用户自主推荐自身的个性化服务以实现生产效益最大化。基于生产服务供应商的个性化销售需求，通过智能数体实现各个生产服务代理（农场等生产服务供应商）与各个用户代理的智能匹配，最终实现生产服务供应商针对用户的个性化特征和需求，精准地推送个性化服务。

2）订单生产优化与动态定价

在订单生产中，可以根据客户购买产品的不同属性对每个客户的订单进行自动分解，并依据产品种类、物流成本和时间窗的要求，将订单分解为多个新的、面向生产系统的生产订单。调取基于实时监控技术获取的农场的状态信息（包括产品的数量、预计产出时间等信息），依据规模生产效益和资源负载成本，实现生产订单与生产服务代理的最优匹配，以实现需求与供应的协同优化。同时，支持终端原始订单还原，为客户提供准确的商品预计发货时间和预计送达时间，在订单分解与还原技术进行需求匹配的基础上，通过智能数体，依据农场的订单需求和自身的供应能力，针对确定型需求，以适当的价格将产品适时地供应给智能交易平台或不同的客户群体，实现双向收益最大化。当订单需求与农/牧业产品生产数量的差异相近、购买量和购买时间的差异大或提供个性化服务时，触发动态定价机制，以不同的价格销售同一产品以实现规模效益。

3）生产优化与决策支持

由于农场的信息种类繁多，现代农业生产系统具有不同的文件格式和不同的数据结构，需要把农场的信息数据进行标准化处理，实现异构信息的交换和传输。在现代农业众智网络中为每个农场建立一个相对应的智能数体，对自身特征、服务能力、服务专用性进行描述与广播。同时，智能数体还作为实体与数据处理平台的接口，通过符合标准的数据传输，实现众智网络与物理实体之间双向的信息数据交换。通过预先制定的标准化知识仓库，结合农业专家远程或实地的具体建议，给出基于需求预测的生产计划与操作流程指令，实时下达至农场的智能农机具管理系统，实现柔性的服务提供能力存量与需求流量的匹配。采用机器学习技术，迭代丰富知识仓库与制定生产计划的能力，最终实现农业生产决策优化的自动化。

第7章　众智网络未来展望

　　互联网的不断发展激发了人类的需求本性，释放了人类的需求潜能，形成了互联网革新产业和社会运行形态的原动力。在科技发展日新月异的今天，特别是与互联网相关的云计算、物联网、大数据等信息技术的发展，将极大地促进万物互联的智能型社会经济形态的变革，智能互联将是未来经济和社会运行的主旋律，其总体目标和方向是提升经济和社会网络化与智能化的程度和水平，同时也将更全面、更彻底地改变人类社会的产业形态和社会运行方式。

　　万物互联的网络化众智型经济社会正在孕育形成。在全球新一轮科技革命和产业变革中，互联网与各领域的融合发展前景广阔，正在对世界各国经济社会的发展产生全局性和战略性的影响，为此，主要发达经济体国家纷纷制定相应措施以抢夺未来竞争的主动权，如德国工业4.0、美国工业互联网等。同时，以电子商务为代表的互联网经济在我国异军突起，并从消费端向产业端延伸，在保增长、调结构、稳就业、促创新方面表现出强劲的动力。我国政府也适时推出了一系列促进电子商务、互联网+、物联网、大数据、云计算、双创（大众创业、万众创新）、四众（众创、众包、众扶、众筹）发展的战略，以及《中国制造2025》发展规划等。综观各国的政策措施、行动计划，大多从发展互联网、物联网、云计算、大数据、工业4.0等不同角度和层面推进相关工作，而实际上，上述各类新模式、新技术综合应用和相互作用的结果是正在孕育的网络化众智型经济社会形态。

　　未来网络化众智型经济社会将处于物理空间、意识空间、信息空间深度融合、协同运作的三元叠加空间，自然人、企事业单位、组织机构、智能物品等各类异质异构智能体通过其信息空间中的镜像映射或数字克隆——智能数体实现深度、智能、实时、动态互联，进而通过协作开展各类经济社会活动，将会呈现出新型的消费、生产、流通及社会生活方式，即由现行的标准化、被动式消费进化为主动式、个性化消费，由现行的多环节交易和分散化流通进化为产销直接对接的直接式交易和集中化流通，由现行的集中化、自动化或半自动化生产进化为分散式、智能化生产及集约化、便捷化的生活方式。同时，由于各类技术的进步，产品和服务的个性化趋势越来越明显；随着工业互联网、工业4.0、3D打印等制造技术和管理方式逐步成熟，生产生活分散化趋势逐步显现；随着交易效率逐步提高、契约式就业方式逐步流行，企业和政府的规模将逐步小型化；大数据、AI、云计算等产生的新的生产工具大多以趋近于零的边际成本的平台化方式提供给用户，共享数据逐步成为生产资料的重要组成部分，生产资料和工具将逐步公共化。

上述未来网络化众智型经济社会的行为方式、主要特征及其涌现出来的一些现象，如收益递增、零边际成本、免费等，用现有的经济、管理、社会等相关理论无法解释或完全相悖。传统的企业经营、社会管理、政府治理方式无法适应，需要综合考虑与物质、信息、意识相关的基本原理和规律及其相互作用的非线性特征，提出新思想，建立新理论，发现新规律。

众智网络建模与互联研究是众智网络中的智能交易及结构演化等各类研究的基础，目前该研究仍旧处于探索阶段。笔者所在的课题组在众智网络建模与互联领域已进行了系统性的探索和研究，围绕智能数体的结构、行为、心理倾向和多态性建模，以及众智网络互联理论开展研究，构建了众智网络建模与互联的基础框架，但科学探索的道路是永无止境的，众智网络建模与互联仍旧面临许多挑战，例如，心智对行为的影响机理、智能数体心智的挖掘和映射方法、心智的系统化建模、智能数体的行为决策与优化理论等仍需要继续深入探索。

面对即将到来的万物互联的网络化众智型经济社会，以及 AI、量子理论的不断发展与深化，世界逐步由确定的、可预知的机械式世界演变为不确定的、不可预知的混沌世界，西方主流的哲学思想及世界观可能不完全适用，相反地，东方古老的整体观、系统观、辩证观可能会重新发挥重要作用，为进行理论创新奠定了良好的哲学基础，同时需要深入融合计算机、软件、通信技术、网络科学、管理学、心理学、社会学、经济学、系统学等多学科理论，进一步探索众智网络机理，为未来网络化众智型经济社会和现代服务业的发展提供理论指导。

参 考 文 献

[1] 王华，赵东杰，杨海涛，等. 大数据时代下网络群体智能研究方法[J]. 计算机与现代化，2015，2：1-6.

[2] Chai Y，Miao C，Sun B，et al. Crowd science and engineering：Concept and research framework[J]. International Journal of Crowd Science，2017，1（1）：2-8.

[3] Bonabeau E. Decisions 2.0：The power of collective intelligence[J]. MIT Sloan Management Review，2009，50（2）：45-52.

[4] Drogoul A，Vanbergue D，Meurisse T. Multi-agent based simulation：Where are the agents？[C]. International Workshop on Multi-Agent Systems and Agent-Based Simulation，Bologna，2002：1-15.

[5] Amouroux E，Chu T Q，Boucher A，et al. GAMA：An environment for implementing and running spatially explicit multi-agent simulations[C]. Pacific Rim International Conference on Multi-Agents，Heidelberg，2009：359-371.

[6] Kutsenok A，Kutsenok V. Swarm AI：A general-purpose swarm intelligence design technique[J]. Design Principles & Practice：An International Journal，2011，5（1）：7-16.

[7] Kennedy J，Zomaya A Y. Handbook of nature-inspired and innovative computing[C]. Boston，2006：187-219.

[8] Bernstein J，Long J S，Veillette C，et al. Crowd intelligence for the classification of fractures and beyond[J]. PLoS One，2011，6（11）：e27620.

[9] Li W，Wu W，Wang H，et al. Crowd intelligence in AI 2.0 era[J]. Frontiers of Information Technology & Electronic Engineering，2017，18（1）：15-43.

[10] Ooi B C，Tan K L，Tran Q T，et al. Contextual crowd intelligence[J]. ACM SIGKDD Explorations Newsletter，2014，16（1）：39-46.

[11] Ye Y，Kishida K. Toward an understanding of the motivation of open source software developers[C]. Proceedings of 25th International Conference on Software Engineering，Portland，2003：419-429.

[12] Li H，Yu B. Error rate bounds and iterative weighted majority voting for crowdsourcing[J]. Computer Science，2014.

[13] Bird C，Gourley A，Devanbu P，et al. Mining email social networks[C]. Proceedings of the 2006 International Workshop on Mining Software Repositories，Shanghai，2006：137-143.

[14] Bird C，Pattison D，D'souza R，et al. Latent social structure in open source projects[C]. Proceedings of the 16th ACM SIGSOFT International Symposium on Foundations of Software Engineering，Atlanta，2008：24-35.

[15] Erenkrantz J R，Taylor R N. Supporting distributed and decentralized projects：Drawing lessons

from the open source community[C]. Proceedings of Workshop on Open Source in an Industrial Context, Anaheim, 2003, 50（1）: 25-34.

[16] Lee J S, Hoh B. Sell your experiences: A market mechanism based incentive for participatory sensing[C]. 2010 IEEE International Conference on Pervasive Computing and Communications （PerCom）, Mannheim, 2010: 60-68.

[17] Jaimes L G, Vergara-Laurens I, Labrador M A. A location-based incentive mechanism for participatory sensing systems with budget constraints[C]. 2012 IEEE International Conference on Pervasive Computing and Communications, Lugano, 2012: 103-108.

[18] Han K, Zhang C, Luo J, et al. Truthful scheduling mechanisms for powering mobile crowdsensing[J]. IEEE Transactions on Computers, 2016, 65（1）: 294-307.

[19] Hars A, Ou S. Working for free? Motivations of participating in open source projects[C]. Proceedings of the 34th Annual Hawaii International Conference on System Sciences, Maui, 2001: 25-39.

[20] Maslow A H. Motivation and Personality[M]. 3rd ed. Boston: Addison-Wesley, 1987.

[21] Yan Y, Rosales R, Fung G, et al. Active learning from crowds[C]. ICML, Bellevue, 2011: 1161-1168.

[22] Chen X, Lin Q, Zhou D. Optimistic knowledge gradient policy for optimal budget allocation in crowdsourcing[C]. International Conference on Machine Learning, Atlanta, 2013: 64-72.

[23] Chen X, Lin Q, Zhou D. Statistical decision making for optimal budget allocation in crowd labeling[J]. The Journal of Machine Learning Research, 2015, 16（1）: 1-46.

[24] Wang D, Amin M T, Li S, et al. Using humans as sensors: An estimation-theoretic perspective[C]. Proceedings of the 13th International Symposium on Information Processing in Sensor Networks, Berlin, 2014: 35-46.

[25] Ouyang R W, Kaplan L, Martin P, et al. Debiasing crowdsourced quantitative characteristics in local businesses and services[C]. Proceedings of the 14th International Conference on Information Processing in Sensor Networks, Seattle, 2015: 190-201.

[26] Tamrawi A, Nguyen T T, Al-Kofahi J M, et al. Fuzzy set and cache-based approach for bug triaging[C]. Proceedings of the 19th ACM SIGSOFT Symposium and the 13th European Conference on Foundations of Software Engineering, Szeged Hungary, 2011: 365-375.

[27] Zhang D, Guo B, Yu Z. The emergence of social and community intelligence[J]. Computer, 2011, 44（7）: 21-28.

[28] Guo B, Chin A, Yu Z, et al. An introduction to the special issue on participatory sensing and crowd intelligence[J]. Acm Transactions on Intelligent Systems & Technology, 2015, 6（3）: 1-4.

[29] Smith J B. Collective Intelligence in Computer-based Collaboration[M]. Boca Raton: CRC Press, 1994.

[30] Lévy P. Collective Intelligence: Mankind's Emerging World in Cyberspace[M]. Cambridge: Perseus Books, 1997.

[31] Lévy P. Collective Intelligence[M]. New York: Plenum/Harper Collins, 1997.

[32] Malone T W, Bernstein M S. Handbook of Collective Intelligence[M]. Cambridge: MIT

Press，2015.

[33] Heylighen F. Collective intelligence and its implementation on the web: Algorithms to develop a collective mental map[J]. Computational & Mathematical Organization Theory, 1999, 5 (3): 253-280.

[34] Woolley A W, Chabris C F, Pentland A, et al. Evidence for a collective intelligence factor in the performance of human groups[J]. Science, 2010, 330 (6004): 686-688.

[35] Kapetanios E. Quo Vadis computer science: From turing to personal computer, personal content and collective intelligence[J]. Data & Knowledge Engineering, 2008, 67 (2): 286-292.

[36] von Ahn L. Human computation[C]. 2008 IEEE 24th International Conference on Data Engineering, Cancun, 2008: 1-2.

[37] Law E, von Ahn L. Input-agreement: A new mechanism for collecting data using human computation games[C]. Proceedings of the SIGCHI Conference on Human Factors in Computing Systems, Montreal, 2009: 1197-1206.

[38] Quinn A J, Bederson B B. Human computation: A survey and taxonomy of a growing field[C]. Proceedings of the SIGCHI Conference on Human Factors in Computing Systems, Montreal, 2011: 1403-1412.

[39] Howe J. The rise of crowdsourcing[J]. Wired Magazine, 2006, 14 (6): 1-4.

[40] 冯剑红, 李国良, 冯建华. 众包技术研究综述[J]. 计算机学报, 2015, 38 (9): 1713-1726.

[41] Estellés-Arolas E, González-Ladrón-de-Guevara F. Towards an integrated crowdsourcing definition[J]. Journal of Information Science, 2012, 38 (2): 189-200.

[42] Alonso O, Lease M. Crowdsourcing 101: Putting the WSDM of crowds to work for you[C]. Proceedings of the Fourth ACM International Conference on Web Search and Data Mining, Hong Kong, 2011: 1-2.

[43] Brabham D C. Moving the crowd at iStockphoto: The composition of the crowd and motivations for participation in a crowdsourcing application[J]. First Monday, 2008, 13 (6) .

[44] Büecheler T, Sieg J H, Füchslin R M, et al. Crowdsourcing, open innovation and collective intelligence in the scientific method: A research agenda and operational framework[C]. The 12th International Conference on the Synthesis and Simulation of Living Systems, Odense, 2010: 679-686.

[45] Kazai G. In search of quality in crowdsourcing for search engine evaluation[C]. European Conference on Information Retrieval, Dublin, 2011: 165-176.

[46] Yuen M C, King I, Leung K S. A survey of crowdsourcing systems[C]. 2011 IEEE Third International Conference on Privacy, Security, Risk and Trust and 2011 IEEE Third International Conference on Social Computing, Boston, 2011: 766-773.

[47] Kittur A, Nickerson J V, Bernstein M, et al. The future of crowd work[C]. Proceedings of the 2013 Conference on Computer Supported Cooperative Work, San Antonio, 2013: 1301-1318.

[48] Doan A, Ramakrishnan R, Halevy A Y. Crowdsourcing systems on the world-wide web[J]. Communications of the ACM, 2011, 54 (4): 86-96.

[49] 李国良. 人机协作的群体计算[J]. 中国计算机学会通讯, 2015, 11 (7): 20-26.

[50] Haas D, Ansel J, Gu L, et al. Argonaut: Macrotask crowdsourcing for complex data

processing[J]. Proceedings of the VLDB Endowment, 2015, 8 (12): 1642-1653.

[51] Haas D, Wang J, Wu E, et al. CLAMShell: Speeding up crowds for low-latency data labeling[J]. Proceedings of the VLDB Endowment, 2015, 9 (4): 372-383.

[52] Hu H, Zheng Y, Bao Z, et al. Crowdsourced POI labelling: Location-aware result inference and task assignment[C]. 2016 IEEE 32nd International Conference on Data Engineering (ICDE), Helsinki, 2016: 61-72.

[53] Mo K, Zhong E, Yang Q. Cross-task crowdsourcing[C]. Proceedings of the 19th ACM SIGKDD International Conference on Knowledge Discovery and Data Mining, Chicago, 2013: 677-685.

[54] Ma F, Li Y, Li Q, et al. FaitCrowd: Fine grained truth discovery for crowdsourced data aggregation[C]. Proceedings of the 21th ACM SIGKDD International Conference on Knowledge Discovery and Data Mining, Sydney, 2015: 745-754.

[55] Das Sarma A, Parameswaran A, Widom J. Towards globally optimal crowdsourcing quality management: the uniform worker setting[C]. Proceedings of the 2016 International Conference on Management of Data, San Francisco, 2016: 47-62.

[56] Parameswaran A, Boyd S, Garcia-Molina H, et al. Optimal crowd-powered rating and filtering algorithms[J]. Proceedings of the VLDB Endowment, 2014, 7 (9): 685-696.

[57] Hao S, Hoi S C, Miao C, et al. Active crowdsourcing for annotation[C]. 2015 IEEE/WIC/ACM International Conference on Web Intelligence and Intelligent Agent Technology (WI-IAT), Singapore, 2015: 1-8.

[58] Whang S E, Lofgren P, Garcia-Molina H. Question selection for crowd entity resolution[J]. Proceedings of the VLDB Endowment, 2013, 6 (6): 349-360.

[59] Cheng P, Lian X, Chen Z, et al. Reliable diversity-based spatial crowdsourcing by moving workers[J]. Proceedings of the VLDB Endowment, 2015, 8 (10): 1022-1033.

[60] Sun C, Rampalli N, Yang F, et al. Chimera: Large-scale classification using machine learning, rules, and crowdsourcing[J]. Proceedings of the VLDB Endowment, 2014, 7(13): 1529-1540.

[61] Cao C C, She J, Tong Y, et al. Whom to ask? Jury selection for decision making tasks on micro-blog services[J]. Proceedings of the VLDB Endowment, 2012, 5 (11): 1495-1506.

[62] Tong Y, She J, Ding B, et al. Online mobile micro-task allocation in spatial crowdsourcing[C]. 2016 IEEE 32nd International Conference on Data Engineering(ICDE), Helsinki, 2016: 49-60.

[63] Ouyang R W, Srivastava M, Toniolo A, et al. Truth discovery in crowdsourced detection of spatial events[J]. IEEE Transactions on Knowledge and Data Engineering, 2016, 28 (4): 1047-1060.

[64] Kazemi L, Shahabi C. Geocrowd: Enabling query answering with spatial crowdsourcing[C]. Proceedings of the 20th International Conference on Advances in Geographic Information Systems, New York, 2012: 189-198.

[65] Irwin A. Citizen Science: A Study of People, Expertise and Sustainable Development[M]. London: Psychology Press, 1995.

[66] Bonney R, Cooper C B, Dickinson J, et al. Citizen science: A developing tool for expanding science knowledge and scientific literacy[J]. BioScience, 2009, 59 (11): 977-984.

[67] Riesch H, Potter C. Citizen science as seen by scientists: Methodological, epistemological and ethical dimensions[J]. Public Understanding of Science, 2014, 23 (1): 107-120.

[68] Wiggins A, Crowston K. From conservation to crowdsourcing: A typology of citizen science[C]. 2011 44th Hawaii International Conference on System Sciences, Kauai, 2011: 1-10.

[69] Cohn J P. Citizen science: Can volunteers do real research? [J]. BioScience, 2008, 58 (3): 192-197.

[70] Cooper C B, Dickinson J, Phillips T, et al. Citizen science as a tool for conservation in residential ecosystems[J]. Ecology and Society, 2007, 12 (2): 375-386.

[71] Brossard D, Lewenstein B, Bonney R. Scientific knowledge and attitude change: The impact of a citizen science project[J]. International Journal of Science Education, 2005, 27 (9): 1099-1121.

[72] Holland J. Hidden Order: How Adaptation Builds Complexity[M]. New York: Addison Wesley, 1995.

[73] 霍兰, 周晓枚, 韩晖. 隐秩序: 适应性造就复杂性[M]. 上海: 上海科技教育出版社, 2000.

[74] Wolf W. Cyber-physical systems[J]. IEEE Annals of the History of Computing, 2009, 42 (3): 88-89.

[75] Zhuge H. Multi-dimensional Summarization in Cyber-physical Society[M]. Amsterdam: Elsevier, 2016.

[76] Grieves M. Digital twin: Manufacturing excellence through virtual factory replication[J]. White Paper, 2014, 1: 1-7.

[77] 袁勇, 王飞跃. 平行区块链: 概念, 方法与内涵解析[J]. 自动化学报, 2017, 43 (10): 1703-1712.

[78] Russell S J, Norvig P. Artificial Intelligence: A Modern Approach[M]2nd ed. Hoboken: Prentice Hall/Pearson Education, 1995.

[79] Maes P. Designing Autonomous Agents[M]. Amsterdam: North-Holland Publishing Co, 1990.

[80] Wooldridge M J, Jennings N R. Intelligent agents: Theory and practice[J]. The Knowledge Engineering Review, 1995, 10 (2): 115-152.

[81] Bratman M. Intention, Plans, and Practical Reason[M]. Cambridge: Harvard University Press, 1987.

[82] 王万良. 人工智能导论[M]. 第 3 版. 北京: 高等教育出版社, 2011.

[83] 李斌, 吕建, 朱梧槚. 基于情境演算的智能体结构[J]. 软件学报, 2003, 14 (4): 733-742.

[84] Marcenac P. Emergence of behaviours in natural phenomena agent-simulation[J]. Complexity International, 1996, 5 (26): 283-364.

[85] Marcenac P, Giroux S, Grasso J R, et al. Simulating emergent behaviors an application to volcanoes[C]. Summer Computer Simulation Conference, Portland Hilton, 1996: 437-442.

[86] Calderoni S, Marcenac P. Emergence of earthquakes by multi-agent simulation[C]. Proceedings of European Simulation Multi-Conference, Istanbul, 1997: 665-669.

[87] 董秋. 网站促销下消费者行为 Agent 建模与仿真研究[D]. 大连: 大连理工大学, 2012.

[88] 廖守亿, 陈坚, 陆宏伟, 等. 基于 Agent 的建模与仿真概述[J]. 计算机仿真, 2008, 25 (12): 1-7.

[89] 朱建锋. 多政府财政经济行为的资金流动仿真建模与实现[D]. 上海：上海交通大学，2011.

[90] Fennell R D，Lesser V R. Parallelism in artificial intelligence problem solving：A case study of hearsay II[J]. IEEE Transactions on Computers，1977，100（2）：98-111.

[91] Fikes R E，Nilsson N J. STRIPS：A new approach to the application of theorem proving to problem solving[J]. Artificial Intelligence，1971，2（3-4）：189-208.

[92] Hewitt C. Viewing control structures as patterns of passing messages[J]. Artificial Intelligence，1977，8（3）：323-364.

[93] Gasser R，Huhns M N. Distributed Artificial Intelligence：Volume II [M]. 2nd ed. London：Morgan Kaufmann，2014.

[94] Bond A H，Gasser L. Readings in Distributed Artificial Intelligence[M]. Burlington：Morgan Kaufmann，2014.

[95] 安波，史忠植. 多智能体系统研究的历史、现状及挑战[J]. 中国计算机学会通讯，2014，10（9）：8-14.

[96] 焦李成，刘静，钟伟才. 协同进化计算与多智能体系统[M]. 北京：科学出版社，2006.

[97] Mnih V，Kavukcuoglu K，Silver D，et al. Human-level control through deep reinforcement learning[J]. Nature，2015，518（7540）：529-533.

[98] Lillicrap T P，Hunt J J，Pritzel A，et al. Continuous control with deep reinforcement learning[J]. Computer Science，2015，10.

[99] Littman M L. Markov games as a framework for multi-agent reinforcement learning[C]. Machine Learning Proceedings 1994，Elsevier，New Brunswick，1994：157-163.

[100] Buoniu L，Babuka R，Schutter B D. Multi-agent Reinforcement Learning：An Overview[M]. Berlin：Springer，2010.

[101] Rothe J，Rothe I. Economics and Computation：An Introduction to Algorithmic Game Theory，Computational Social Choice，and Fair Division[M]. New York：Springer，2015.

[102] Modi P J，Shen W M，Tambe M，et al. An asynchronous complete method for distributed constraint optimization[C]. AAMAS，New York，2003：161-168.

[103] 杨煜普，李晓萌，许晓鸣. 多智能体协作技术综述[J]. 信息与控制，2001，30（4）：337-342.

[104] 陈雪江，杨东勇. 基于强化学习的多智能体协作实现[J]. 浙江工业大学学报，2004，32（5）：516-520.

[105] Tang X，Qin Z，Zhang F，et al. A deep value-network based approach for multi-driver order dispatching[C]. Proceedings of the 25th ACM SIGKDD International Conference on Knowledge Discovery & Data Mining，Anchorage，2019：1780-1790.

[106] Xu Z，Li Z，Guan Q，et al. Large-scale order dispatch in on-demand ride-hailing platforms：a learning and planning approach[C]. Proceedings of the 24th ACM SIGKDD International Conference on Knowledge Discovery & Data Mining，London，2018：905-913.

[107] Bowling M，Veloso M. Multiagent learning using a variable learning rate[J]. Artificial Intelligence，2002，136（2）：215-250.

[108] Hu J，Wellman M P. Nash Q-learning for general-sum stochastic games[J]. Journal of Machine Learning Research，2003，4（4）：1039-1069.

[109] Fernndez F，Parker L. Learning in large cooperative multi-robot systems[J]. International Journal of Robotics & Automation，2001，16（4）：217-226.

[110] Ishiwaka Y，Sato T，Kakazu Y. An approach to the pursuit problem on a heterogeneous multiagent system using reinforcement learning[J]. Robotics and Autonomous Systems，2003，43（4）：245-256.

[111] Kok J R，Hoen E J，Bakker B，et al. Utile coordination：Learning interdependencies among cooperative agents[C]. IEEE Symposium on Computational Intelligence and Games，Colchester，2005：29-36.

[112] Matarić M. Adaption and learning in multi-agent systems[J]. Conference Proceedings，1996，1042：152-163.

[113] Shi J，Yu Y，Da Q，et al. Virtual-taobao：Virtualizing real-world online retail environment for reinforcement learning[C]. Proceedings of the AAAI Conference on Artificial Intelligence，Honolulu，2019：4902-4909.

[114] 蒋嶷川. 基于多智能体的社会网络研究[J]. 中国计算机学会通讯，2014，10（9）：31-37.

[115] Ye P，Wang S，Wang F. A general cognitive architecture for agent-based modeling in artificial societies[J]. IEEE Transactions on Computational Social Systems，2017，5（1）：1-10.

[116] Glaessgen E，Stargel D. The digital twin paradigm for future NASA and US air force vehicles[J]. 53rd AIAA/ASME/ASCE/AHS/ASC Structures，Structural Dynamics and Materials Conference：Special Session on the Digital Twin，2012：1-14.

[117] Gabor T，Belzner L，Kiermeier M，et al. A simulation-based architecture for smart cyber-physical systems[C]. 2016 IEEE International Conference on Autonomic Computing（ICAC），Wuerzburg，2016：374-379.

[118] Uhlemann T H J，Lehmann C，Steinhilper R. The digital twin：Realizing the cyber-physical production system for industry 4.0[J]. Procedia CIRP，2017，61：335-340.

[119] Talkhestani B A，Jazdi N，Schlögl W，et al. Consistency check to synchronize the digital twin of manufacturing automation based on anchor points[J]. Procedia CIRP，2018，72：159-164.

[120] Zheng Y，Yang S，Cheng H. An application framework of digital twin and its case study[J]. Journal of Ambient Intelligence and Humanized Computing，2019，10：1141-1153.

[121] Tao F，Zhang H，Liu A，et al. Digital twin in industry：State-of-the-art[J]. IEEE Transactions on Industrial Informatics，2018，15（4）：2405-2415.

[122] Kong T，Hu T，Zhou T，et al. Data construction method for the applications of workshop digital twin system[J]. Journal of Manufacturing Systems，2021，58：323-328.

[123] 陶飞，张萌，程江峰，等. 数字孪生车间：一种未来车间运行新模式[J]. 计算机集成制造系统，2017，23（1）：1-9.

[124] 刘进，赵玉兰，张新生，等. 基于数字孪生的智能工厂建设[J]. 现代制造工程，2019，468（9）：74-81.

[125] Liu Y，Zhang L，Yang Y，et al. A novel cloud-based framework for the elderly healthcare services using digital twin[J]. IEEE Access，2019，7：49088-49101.

[126] Wang F. Parallel system methods for management and control of complex systems[J]. Control and Decision，2004，19（5）：485-489，514.

[127] Wang F. The emergence of intelligent enterprises: From CPS to CPSS[J]. IEEE Intelligent Systems, 2010, 25 (4): 85-88.

[128] 杨林瑶, 陈思远, 王晓, 等. 数字孪生与平行系统: 发展现状, 对比及展望[J]. 自动化学报, 2019, 45 (11): 2001-2031.

[129] 王飞跃. 情报 5.0: 平行时代的平行情报体系[J]. 情报学报, 2015 (6): 563-574.

[130] 吕宜生, 欧彦, 汤淑明, 等. 基于人工交通系统的路网交通运行状况评估的计算实验[J]. 吉林大学学报 (工学版), 2009, 39 (S2): 87-90.

[131] 王坤峰, 左旺孟, 谭营, 等. 生成式对抗网络: 从生成数据到创造智能[J]. 自动化学报, 2018, 44 (5): 769-774.

[132] 林懿伦, 戴星原, 李力, 等. 人工智能研究的新前线: 生成式对抗网络[J]. 自动化学报, 2018, 44 (5): 10-27.

[133] Zhuge H. Cyber-physical society—the science and engineering for future society[J]. Future Generation Computer Systems, 2014, 32: 180-186.

[134] Zhuge H. Cyber physical society[C]. 2010 Sixth International Conference on Semantics, Knowledge and Grids, Beijing, 2010: 1-8.

[135] Zhuge H. Future interconnection environment[J]. Computer, 2005, 38 (4): 27-33.

[136] Zhuge H. Semantic linking through spaces for cyber-physical-socio intelligence: A methodology[J]. Artificial Intelligence, 2011, 175 (5-6): 988-1019.

[137] 周宗奎, 刘勤学. 网络心理学: 行为的重构[J]. 中国社会科学评价, 2016, (3): 145-147.

[138] 徐光祐, 陶霖密, 张大鹏, 等. 物理空间与信息空间的对偶关系[J]. 科学通报, 2006, 51 (5): 610-616.

[139] 姜亚丽. 实体的物理空间与网络空间的信息映射规则与方法的研究[D]. 大连: 大连工业大学, 2012.

[140] 潘纲, 李石坚, 陈云星. ScudContext: 信息-物理空间融合的大规模环境上下文服务[J]. 浙江大学学报 (工学版), 2011, 45 (6): 991-998.

[141] Wang S, Cui L, Liu L, et al. Projecting real world into CrowdIntell network: A methodology[J]. International Journal of Crowd Science, 2019, 3 (2): 138-154.

[142] Brewer W F. What is Autobiographical Memory? [M]. New York: Cambridge University Press, 1986.

[143] Kosinski M, Stillwell D, Graepel T. Private traits and attributes are predictable from digital records of human behavior[J]. Proceedings of the National Academy of Sciences of the United States of America, 2013, 110 (15): 5802-5805.

[144] Li L, Li A, Hao B, et al. Predicting active users' personality based on micro-blogging behaviors[J]. PLoS One, 2014, 9 (1): e84997.

[145] Zhang F, Yuan N, Lian D, et al. Mining novelty-seeking trait across heterogeneous domains[C]. Proceedings of the 23rd International Conference on World Wide Web, Seoul, 2014: 373-383.

[146] 董梦妍, 曾诗慧, 张玄玄, 等. 家庭教养方式与小学生人格发展的相关性[J]. 中国健康心理学杂志, 2020, 28 (6): 900-905.

[147] 陈乐妮, 王桢, 骆南峰, 等. 领导-下属外向性人格匹配性与下属工作投入的关系: 基于支配补偿理论[J]. 心理学报, 2016, 48 (6): 710-721.

[148] 葛枭语，侯玉波. 君子不忧不惧：君子人格与心理健康——自我控制与真实性的链式中介[J]. 心理学报，2021，53（4）：374-386.

[149] 朱振中，李晓君，刘福. 外观新颖性对消费者购买意愿的影响：自我建构与产品类型的调节效应[J]. 心理学报，2020，52（11）：1352-1364.

[150] 杨德锋，江霞，宋倩文. 消费者何时愿意选择与规避群体关联的品牌？[J]. 心理学报，2019，51（6）：699-713.

[151] 况志华，张洪卫. 国有企业职工需要结构及其态势研究[J]. 心理学报，1997，29（1）：76-82.

[152] 祝婧媛，何贵兵. 风险来源与决策：背信规避现象及人际联结需求的作用[J]. 心理学报，2016（6）：733-745.

[153] 张景焕，刘欣，任菲菲，等. 团队多样性与组织支持对团队创造力的影响[J]. 心理学报，2016，48（12）：1551-1560.

[154] 孙健敏，陈乐妮，尹奎. 挑战性压力源与员工创新行为：领导-成员交换与辱虐管理的作用[J]. 心理学报，2018，50（4）：436-449.

[155] 于海波，方俐洛，凌文辁. 企业组织的学习结构[J]. 心理学报，2006，38（4）：590-597.

[156] 段锦云，黄彩云. 个人权力感对进谏行为的影响机制：权力认知的视角[J]. 心理学报，2013，45（2）：217-230.

[157] 朱廷劭，汪静莹，赵楠，等. 论大数据时代的心理学研究变革[J]. 新疆师范大学学报（哲学社会科学版），2015，36（4）：100-107.

[158] Zhang J，Zheng W，Su Y，et al. Which kinds of online reviews predict the online purchase behavior？[C]. Proceedings of the 4th International Conference on Crowd Science and Engineering，Jinan，2019：140-147.

[159] Zhang J，Wang S，Zheng W，et al. The prediction role of feeling of injustice on network social mobilization：The mediating role of anger and resentment[J]. International Journal of Crowd Science，2019，3（2）：155-167.

[160] Zhang J，Wang S，Zheng W，et al. The prediction role of feeling of injustice on network social mobilization[J]. Science，2019，3（2）：155-167.

[161] Wang S，Cui L，Liu L，et al. Personality traits prediction based on users' digital footprints in social networks via attention RNN[C]. 2020 IEEE International Conference on Services Computing（SCC），Beijing，2020：54-56.

[162] Liu L，Xu S，Cui L，et al. Power rationing for tradeoff between energy consumption and profit in multimedia heterogeneous networks[J]. IEEE Journal on Selected Areas in Communications，2019，37（7）：1642-1655.

[163] Xu S，Liu L，Cui L，et al. Promoting higher revenues for both crowdsourcer and crowds in crowdsourcing via contest[C]. 2019 IEEE International Conference on Web Services（ICWS），Milan，2019：403-407.

[164] Yang Q，Cui L，Zheng M，et al. LBTask: A benchmark for spatial crowdsourcing platforms[C]. Proceedings of the 3rd International Conference on Crowd Science and Engineering，Singapore，2018，27：1-6.

[165] Jiang Y，Cui L，Cao Y，et al. Spatial crowdsourcing task assignment based on the quality of workers[C]. Proceedings of the 3rd International Conference on Crowd Science and

Engineering，Singapore，2018，28：1-6.

[166] Yin X，Huang J，He W，et al. Group task allocation approach for heterogeneous software crowdsourcing tasks[J]. Peer-to-Peer Networking and Applications，2021，14：1736-1747.

[167] Yin X，Huang J，Liu L，et al. An iterative feedback mechanism for auto-optimizing software resource allocation in multi-tier web systems[C]. 20th IEEE/ACM International Symposium on Cluster，Cloud and Internet Computing（CCGRID），Melbourne，2020：802-809.

[168] Zhang Y，He W，Cui L，et al. Multi-interest aware recommendation in CrowdIntell network[J]. 2020 IEEE International Conference on Parallel & Distributed Processing with Applications，Big Data & Cloud Computing，Sustainable Computing & Communications，Social Computing & Networking，2020：698-705.

[169] Hua G，Zhang J，Cui L，et al. D-colSimulation：A distributed approach for frequent graph pattern mining based on colSimulation in a single large graph[C]. IEEE International Conference on Services Computing（SCC），Beijing，2020：76-83.

[170] Guo Y，Yan Z. Recommended system：Attentive neural collaborative filtering[J]. IEEE Access，2020，8：125953-125960.

[171] Milgram T S. An experimental study of the small world problem[J]. Sociometry，1969，32（4）：425-443.

[172] Milgram S. The small world problem[J]. Psychology Today，1967，2（1）：60-67.

[173] 石磊. 基于用户搜索意图理解的在线社交网络跨媒体搜索研究[D]. 北京：北京邮电大学，2019.

[174] Li P，Liu L，Cui L，et al. Rim chain：Bridge the provision and demand among the crowd[C]. International Conference on Algorithms and Architectures for Parallel Processing，Guangzhou，2018：18-31.

[175] Christakis N A，Fowler J H. Connected：The surprising power of our social networks and how they shape our lives[J]. Journal of Family Theory & Review，2011，3（3）：220-224.

[176] Morgan T J H，Uomini N T，Rendell L E，et al. Experimental evidence for the co-evolution of hominin tool-making teaching and language[J]. Nature Communications，2015，6：6029.

[177] 蔡慧，韩国栋，刘洪波. 基于 K 均值聚类的拓扑生成算法[J]. 通信技术，2008，41（9）：110-112.

[178] 杨云，高飞，刘萍，等. 一种遵循幂率分布的网络拓扑生成算法[J]. 计算机应用研究，2007，24（4）：315-317.

[179] Zhao Z，Zhao Z，Min G，et al. Non-intrusive biometric identification for personalized computing using wireless big data[C]. 2018 IEEE SmartWorld，Ubiquitous Intelligence & Computing，Advanced & Trusted Computing，Scalable Computing & Communications，Cloud & Big Data Computing，Internet of People and Smart City Innovation（SmartWorld/SCALCOM/UIC/ATC/CBDCom/IOP/SCI），Guangzhou，2018：901-908.

[180] Miao W，Min G，Wu Y，et al. Stochastic performance analysis of network function virtualization in future Internet[J]. IEEE Journal on Selected Areas in Communications，2019，37（3）：613-626.